utb 1999

Eine Arbeitsgemeinschaft der Verlage

Brill | Schöningh – Fink · Paderborn
Brill | Vandenhoeck & Ruprecht · Göttingen – Böhlau Verlag · Wien · Köln
Verlag Barbara Budrich · Opladen · Toronto
facultas · Wien
Haupt Verlag · Bern
Verlag Julius Klinkhardt · Bad Heilbrunn
Mohr Siebeck · Tübingen
Narr Francke Attempto Verlag – expert verlag · Tübingen
Ernst Reinhardt Verlag · München
transcript Verlag · Bielefeld
Verlag Eugen Ulmer · Stuttgart
UVK Verlag · München
Waxmann · Münster · New York
wbv Publikation · Bielefeld
Wochenschau Verlag · Frankfurt am Main

Thomas Zoglauer

Einführung in die formale Logik für Philosophen

6., durchgesehene und korrigierte Auflage

Vandenhoeck & Ruprecht

Dr. Thomas Zoglauer ist außerplanmäßiger Professor an der Brandenburgischen Technischen Universität Cottbus-Senftenberg.

Online-Angebote oder elektronische Ausgaben sind erhältlich unter

www.utb-shop.de

Bibliografische Information der Deutschen Nationalbibliothek

Die Deutsche Nationalbibliothek verzeichnet diese Publikation in der Deutschen Nationalbibliografie; detaillierte bibliografische Daten sind im Internet über https://dnb.de abrufbar.

Umschlaggestaltung: Atelier Reichert, Stuttgart
Druck und Bindung: CPI Books GmbH, Leck
Printed in the EU

Vandenhoeck & Ruprecht Verlage | www.vandenhoeck-ruprecht-verlage.com

UTB-Nr. 1999
ISBN 978-3-8252-5771-2

Inhalt

Vorwort

Dieses Buch wendet sich an Studierende der Philosophie und anderer Geisteswissenschaften, für die Logik ein Pflichtmodul ist, aber auch an Logik-Interessierte, die sich ohne mathematische Vorkenntnisse in die formale Logik einarbeiten wollen. Die Logik ist eine Grundlagendisziplin der Philosophie. Gerade in der analytischen Philosophie und modernen Sprachphilosophie wird auf eine präzise Formulierung von Argumenten und das deduktive Schließen großen Wert gelegt. Bei der Auswahl des Stoffes wurde daher auf die philosophischen Interessen der Leser Rücksicht genommen. Es werden neben den klassischen logischen Kalkülen der Aussagen- und Prädikatenlogik auch solche Kalküle behandelt, die für die Philosophie von besonderer Bedeutung sind: die Modallogik, deontische Logik und temporale Logik. Die sorgfältige didaktische Konzeption des Textes, sowie die zahlreichen Beispiele und Übungsaufgaben machen das Buch auch für das Selbststudium geeignet. Viele formale Schlüsse werden anhand von Beispielsätzen erläutert, um so den Übergang von einer sprachlichen zu einer formalen Denkweise zu erleichtern.

Die formale Logik wird so exakt wie möglich dargestellt ohne den Anspruch auf mathematische Exaktheit zu erheben. Dennoch wird, gleichsam als Exkurs für den interessierten Leser, in Kap. 7 ein axiomatischer Aufbau der Aussagen- und Prädikatenlogik vorgestellt und die Vollständigkeit und Widerspruchsfreiheit der Aussagenlogik bewiesen. Ein Blick auf die Gödelschen Theoreme macht die philosophische Bedeutung solcher meta-logischen Fragestellungen deutlich. Auf eine Behandlung der Mengenlehre wurde bewusst verzichtet, weil sie keine notwendige Voraussetzung für den Aufbau der Prädikatenlogik darstellt.

Besonderer Wert wird auf den Transfer zwischen Alltagssprache und formaler Logik gelegt. Gerade der Wunsch, das argumentative Schlussfolgern logisch zu präzisieren und zu einem mathematischen Kalkül auszubauen, war die Motivation und der historische Ausgangspunkt für die Entwicklung der formalen Logik. Zu diesem Zweck wurde 1934 von G. Gentzen und anderen Logikern der „Kalkül des natürlichen Schließens“ entwickelt, der die wichtigsten Typen der im Alltag verwendeten logischen Argumente in logischer Form darstellt. Der Vorteil dieses Kalküls besteht darin, dass er sich leicht auf praktische Beispiele anwenden lässt, aber dennoch alle Ansprüche formal-logischer Exaktheit erfüllt. Dieser Kalkül wird in Kap. 4 behutsam entwickelt und in Kap. 5.5 auf die Prädikatenlogik übertragen. Die klassische Urteilslehre wird im Rahmen der Prädikatenlogik abgehandelt. Als Anwendung des Kalküls des natürlichen Schließens ergibt sich das Aristotelische System der Syllogismen.

Als Beispiele für Erweiterungen der Aussagenlogik werden die Modallogik, die deontische Logik und die temporale Logik behandelt. Die Theorie möglicher Welten ist in der Semantik und analytischen Metaphysik mittlerweile von zentraler Bedeutung. Für diese Teilbereiche der Philosophie ist eine Vertrautheit mit modal-logischen Argumenten unerlässlich. Auch für die Normentheorie und Ethik sind elementare Grundkenntnisse der deontischen Logik hilfreich und nützlich. Und die temporale Logik bietet einen guten Einstieg für das Verständnis des Determinismusproblems und die logischen Grundlagen einer Philosophie der Zeit. Im Anhang (Kap. 11) finden sich eine Vielzahl von Übungsaufgaben mit unterschiedlichem Schwierigkeitsgrad. Zu ausgewählten Aufgaben sind Lösungen angegeben.

Diese Einführung in die formale Logik entstand im Laufe mehrerer Logik-Seminare, die ich an der Universität Stuttgart veranstaltet habe. Diesen Kurs habe ich in mehrjähriger Lehrtätigkeit an der Universität Erfurt und an der Brandenburgischen Technischen Universität Cottbus-Senftenberg wiederholt und weiterentwickelt. Gegenüber der fünften Auflage wurden nur wenige Korrekturen vorgenommen, der Text aber ansonsten unverändert gelassen. An dieser Stelle möchte ich mich bei all denjenigen Studierenden bedanken, die in den vergangenen Jahren an meinen Logik-Seminaren teilgenommen haben und die durch ihr Interesse, ihre Fragen und die Artikulation ihrer Verständnisschwierigkeiten mir bei der Gestaltung und Verbesserung dieses Buches geholfen haben.

Remseck, im Juli 2021 Thomas Zoglauer

1. Sprachphilosophische Grundlagen der Logik

1.1 Syntax, Semantik, Pragmatik

Logik ist die Lehre vom folgerichtigen Denken, Schließen und Argumentieren. Die moderne Logik versteht sich als *formale* Logik, der es allein um die Form der Schlüsse und nicht um ihren Inhalt geht. Betrachten wir als Beispiel den folgenden Schluss:

Alle Philosophen sind Logiker.
Alle Logiker sind scharfsinnige Denker.
Daher sind alle Philosophen scharfsinnige Denker.

Dies ist zweifellos ein korrekter logischer Schluss. Die formale Richtigkeit des Schlusses hängt nicht vom Inhalt der Sätze und den darin vorkommenden Begriffen ab. Denn der Schluss hat die Form:

Alle A sind B.
Alle B sind C.
Daraus folgt: Alle A sind C.

Wir können für A, B und C beliebige Begriffe einsetzen und erhalten stets einen korrekten Schluss. Der formalen Logik kommt es nur auf die Struktur der Sätze an, nicht auf ihren Inhalt oder ihre Bedeutung. Die Sätze der Logik sagen somit eigentlich nichts über die Welt aus. Man kann mit Hilfe der Logik auch keine Wahrheiten beweisen, sondern nur von gegebenen, als wahr angenommenen Sätzen, weitere Sätze ableiten.

In der Sprachphilosophie und Linguistik unterscheidet man zwischen drei Aspekten der Sprache: ihrer *Syntax*, *Semantik* und *Pragmatik*. Die *Syntax* beschreibt die Beziehung der Zeichen untereinander. Sie legt fest, welche Zeichenkombinationen sinnvoll sind und welche nicht. *Semantik* ist Bedeutungslehre und beschäftigt sich mit der Bedeutung sprachlicher Zeichen und der Beziehung zwischen Sprache und Wirklichkeit. Die *Pragmatik* ist die Lehre vom Gebrauch der Sprache und sprachlichen Zeichen in ihrem lebensweltlichen Kontext.

Das korrekte logische Schließen ist ein syntaktisches Problem, da hierbei von Inhalten und vom lebensweltlichen Kontext abgesehen werden kann. Die formale Logik liefert sozusagen eine Grammatik des Denkens, mit der das richtige Schließen und Schlussfolgern erlernt werden kann. Ludwig Wittgenstein definierte *Syntax* wie folgt: „Unter Syntax in diesem allgemeinen Sinne verstehe ich die Regeln, die angeben, welches die einzigen Zusammenhänge sind, in denen ein Wort Sinn hat, und die dadurch unsinnige Gebilde ausschließen.“ (Bemerkungen über die logische Form) Ein Zeichensystem besteht aus einer endlichen Menge von Grundzeichen (Alphabet) und einer Reihe von Formregeln, die angeben, ob eine Zeichenkette korrekt gebildet wurde oder nicht. Diese Regeln zur Generierung logisch oder grammatisch sinnvoller Zeichenketten bilden die Syntax der Zeichensprache. Beispiele syntaktischer Zeichensysteme sind die Kalküle der Logik oder die Transformationsgrammatik von Chomsky.

Semantik ist die Lehre von der Bedeutung von Wörtern oder Sätzen. Die Bedeutung eines Wortes kann die Vorstellung sein, die beim Lesen oder Hören des Wortes beim Leser oder Hörer geweckt wird, oder es kann der Gegenstand oder der Sachverhalt sein, den das Wort bezeichnet. Manchmal kann die Bedeutung eines Wortes erst aus dem Kontext erschlossen werden, in dem das Wort gebraucht wird. Dementsprechend unterscheidet man zwischen mentalistischen, referentiellen und kontextualistischen Bedeutungstheorien.

John Locke (1632–1704) vertrat eine *mentalistische Bedeutungstheorie*: Wörter stehen für Ideen. Die Bedeutung eines Wortes ist eine Vorstellung im Geist des Menschen. Locke schreibt: „Die Wörter sind unmittelbar die Zeichen für die menschlichen Ideen; sie stellen somit die Instrumente dar, mit denen sich die Menschen ihre Vorstellungen mitteilen und füreinander die Gedanken und Auffassungen zum Ausdruck bringen, die sie in ihrer Brust tragen.“ Ein Wort, das von zwei Menschen gebraucht wird, kann dasselbe bezeichnen, aber ganz unterschiedliche Assoziationen im Geist hervorrufen, wodurch es zu sprachlichen Missverständnissen kommt. Zwei Menschen können nur dann das gleiche meinen, wenn sie die gleichen Vorstellungen haben. Dieses Phänomen macht zugleich auf eine Schwäche der mentalistischen Bedeutungstheorie aufmerksam: Bedeutungen sind demnach rein subjektiv und existieren nur im Geiste. Im Grunde genommen hat jeder Mensch eine eigene „Privatsprache“. Um sprachliche Bedeutungen objektiv festzulegen, muss man sie in der Welt verankern. Die Sprache erhält dadurch einen referentiellen Bezug.

Gottlob Frege (1848–1925) unterschied zwischen Sinn und Bedeutung eines Wortes. Der Sinn eines Wortes besteht nach Frege in der Art seines Gegebenseins bzw. seines Gebrauchs. Die Bedeutung eines Eigennamens ist der von ihm bezeichnete Gegenstand. Ein Beispiel für Wörter mit verschiedenem Sinn, aber gleicher Bedeutung (im Sinne von Referenz) sind „Morgenstern“ und „Abendstern“. Morgenstern und Abendstern bezeichnen den gleichen Planeten, nämlich die Venus, werden aber verschieden gebraucht. Es gibt aber auch Wörter mit Sinn, aber ohne Bedeutung (Referenz): zum Beispiel „der gegenwärtige König von Frankreich“ oder das „Einhorn“ (ein Fabelwesen).

Frege vertrat eine *referentielle Bedeutungstheorie*. Für ihn war die Bedeutung eines Wortes gleich seiner Referenz. In der neueren Sprachtheorie werden aber auch *kontextuelle Bedeutungstheorien* vertreten. Nach ihnen besteht die Bedeutung eines Wortes in seiner Verwendung und wird durch den Kontext bestimmt, in dem das Wort auftritt. So haben mehrdeutige Wörter wie „Schloss“, „Ball“ oder „Kapelle“ unterschiedliche Bedeutungen, je nachdem wie sie verwendet werden. *Ludwig Wittgenstein* (1889–1951) schreibt in den Philosophischen Untersuchungen (§ 43): „Die Bedeutung eines Wortes ist sein Gebrauch in der Sprache.“ Ein Wort verstehen heißt wissen, wie es gebraucht wird. Dazu muss man den Kontext kennen, in dem das Wort steht. Sprache ist stets in einen Handlungskontext eingebettet. Diesen Handlungskontext, durch den ein Wort oder ein Satz Bedeutung gewinnt, nennt Wittgenstein ein *Sprachspiel*. Man lernt die Bedeutung eines Wortes, indem man mit anderen zusammen sprechend handelt und lernt, wie und zu welchem Zweck ein Wort gebraucht wird.

Die kontextuelle Bedeutungstheorie beruht auf einem *semantischen Holismus*. Bedeutung kann demnach nicht einzelnen Wörtern oder Sätzen zugeschrieben werden, sondern nur dem ganzen System einer Sprache oder Theorie. Die Bedeutung eines Wortes kann sich ändern, wenn sich der theoretische Kontext ändert, in dem das Wort gebraucht wird. So änderte sich beispielsweise die Bedeutung des Begriffs „Planet“ beim Übergang vom geozentrischen zum heliozentrischen Weltbild.

Von zentraler Bedeutung für Wittgensteins Sprachspielkonzept ist die Einsicht, dass Sprechen eine Handlung darstellt und stets in einen sozialen Kontext eingebettet ist. John L. Austin nennt solche Sprechhandlungen „*Sprechakte*". Ein Sprechakt kann darin bestehen, etwas zu behaupten, eine Frage zu stellen, eine Bitte zu äußern, ein Versprechen zu geben oder einen Befehl zu geben. Das einfache Aussprechen eines Satzes nennt Austin einen *lokutionären Akt*. Ein und derselbe lokutionäre Akt kann verschiedene Funktionen haben, je nachdem, was der Sprecher mit dieser Äußerung bezweckt. Die Funktion des Sprechakts wird durch die Absicht des Sprechers bestimmt und macht aus einem lokutionären Akt einen „*illokutionären Akt*". Der illokutionäre Akt ist die kleinste bedeutungstragende Einheit eines Sprechaktes. Wenn man die illokutionäre Funktion einer Sprechhandlung kennt, weiß man, wie etwas gemeint ist. Zum Beispiel besitzt der Satz „Dieser Hund ist bissig" je nach Verwendungszusammenhang verschiedene illokutionäre Funktionen: Er kann eine deskriptive Beschreibung eines objektiven Sachverhalts darstellen, er kann auch als eine Warnung, Drohung oder Kaufempfehlung (für einen besonders angriffslustigen Wachhund) verstanden werden.

Sprechakte können aber auch missverstanden werden, wenn der Adressat die Absicht des Sprechers nicht richtig deutet. Illokutionäre Akte können eine Reaktion beim Hörer hervorrufen, z.B. indem sie zu einer Handlung auffordern. Übt der Akt eine Wirkung auf den Hörer aus, dann spricht man von einem „*perlokutionären Akt*". Beispiele für perlokutionäre Akte sind: jemanden überreden, überzeugen, beleidigen, tadeln, einen Witz erzählen oder jemandem befehlen, etwas zu tun.

Oftmals setzt das Verstehen sprachlicher Äußerungen Dinge voraus, die nicht explizit in der Äußerung enthalten sind. Wenn z.B. über Personen oder Gegenstände berichtet wird, wird ihre Existenz als selbstverständlich vorausgesetzt. Hierzu ein Beispiel: Damit der Satz „Der gegenwärtige König von Frankreich ist kahlköpfig" einen Sinn und einen Wahrheitswert hat, muss es einen gegenwärtigen König von Frankreich geben. Diese Voraussetzung für die Sinnhaftigkeit einer Aussage wird „*Präsupposition*" genannt. Eine Präsupposition einer Aussage p ist eine notwendige Bedingung dafür, dass p (ebenso wie ihre Negation) als eine sinnvolle Aussage angesehen werden kann.

Mit dem Sprechakt des Behauptens ist der Geltungsanspruch der Wahrheit untrennbar verbunden: Indem ich etwas behaupte („Ich behaupte, dass p"), behaupte ich auch, dass es wahr ist. Wenn ich z.B. behaupte, dass sich die Erde um die Sonne dreht, dann stelle ich dies als eine wahre Aussage hin, ohne dass dies explizit gesagt wird („Ich behaupte als *wahr*, dass sich die Erde um die Sonne dreht"). Der Geltungsanspruch der Wahrheit ist somit eine Präsupposition eines konstatierenden Sprechaktes.

Stellt jemand eine Behauptung auf, die auf einer Präsupposition beruht, die dem Inhalt der Behauptung widerspricht, begeht er einen *performativen Widerspruch*. Ein Relativist, der z.B. behauptet, dass es keine Wahrheit gibt, verstrickt sich in einen solchen Widerspruch. Denn zum Geltungsanspruch dieses Sprechaktes gehört auch der Anspruch auf Wahrheit. Der Widerspruch wird offensichtlich, wenn man diesen Wahrheitsanspruch explizit macht. Der Relativist behauptet nämlich: „Ich behaupte mit Wahrheitsanspruch, dass es keine Wahrheit gibt". Wenn es keine Wahrheit gibt, kann auch die Behauptung des Relativisten keine Wahrheit darstellen. Es handelt sich dabei um keinen syntaktischen Widerspruch, sondern um einen Widerspruch auf pragmatischer Ebene.

Syntax, Semantik und Pragmatik formulieren Regeln, die einen sinnvollen und einen falschen Gebrauch von Wörtern unterscheiden. Die folgenden Beispiele sinnloser Wortkombinationen mögen dies verdeutlichen. Ein Beispiel für *syntaktischen Unsinn* ist der Satz „Cäsar ist und". Dieser Satz ist grammatisch fehlerhaft. Dagegen ist der Satz „Farblose grüne Ideen schlafen wütend" syntaktisch korrekt, aber *semantisch sinnlos*. Wird ein Ausdruck in einem unpassenden Kontext verwendet, entsteht *pragmatischer Unsinn*. Ein missglückter Sprechakt würde z.B. vorliegen, wenn ein Pfarrer eine Taufzeremonie mit den Worten durchführt: „Ich taufe dieses Kind auf den Namen 2704". Der Satz ist zwar syntaktisch und semantisch korrekt, aber „2704" ist kein amtlich anerkannter Name für ein Kind.

Ein weiteres Beispiel semantischen Unsinns stellt der folgende logisch korrekte, aber dennoch semantisch falsche Schluss dar: „Jede Schraube besitzt eine Mutter, jede Mutter hat Kinder, also gilt: Alle Schrauben haben Kinder." Der Schluss ist zwar formallogisch korrekt, auch die Prämissen sind wahr, dennoch ist die Schlussfolgerung falsch. Der Fehler liegt darin, dass der Begriff „Mutter" in beiden Prämissen eine unterschiedliche Bedeutung hat.

Die folgenden beiden Sätze zeigen, dass ein Wort in verschiedenen Kontexten eine andere Bedeutung haben kann: 1. Hamburg ist eine deutsche Stadt. 2. Hamburg hat 7 Buchstaben. Im ersten Satz wird mit „Hamburg“ ein gegenständliches Objekt bezeichnet, während im zweiten Satz das Wort „Hamburg“ gemeint ist. Man sagt: Im ersten Fall wird „Hamburg“ objektsprachlich gebraucht, im zweiten Fall wird der Begriff metasprachlich verwendet. Die *Objektsprache* besteht aus einer Menge von Zeichen, die reale Gegenstände bezeichnen. Die Objektsprache ist eine Sprache 1.Stufe. Eine Sprache 2.Stufe wird *Metasprache* genannt: in ihr spricht man über eine andere Sprache, nämlich die Objektsprache. Beispielsweise verwendet ein Lehrer im Englischunterricht die deutsche Sprache als Metasprache, um dem Schüler die englische Sprache (Objektsprache) zu erklären. In der deutschen Sprache gehören die Begriffe „wahr“, „falsch“, „einsilbig“ etc. zur Metasprache, weil sie sich auf Wörter oder Sätze der Objektsprache beziehen. Ebenso kann man die Metasprache wiederum zum Objekt einer Sprache 3.Stufe, der Meta-Meta-Sprache, machen usw.

Zur Unterscheidung von Objekt- und Metasprache trifft man die folgende Vereinbarung: Immer wenn ein Wort metasprachlich verwendet wird, setzt man es in Anführungszeichen: z.B. „Hamburg“ hat 7 Buchstaben. Die beiden semantischen Stufen müssen klar voneinander unterschieden werden. In einem Satz dürfen nie objekt- und metasprachliche Ausdrücke gleichzeitig vorkommen, da man sich sonst in logische Paradoxien verstrickt.

1.2 Logische Paradoxien

Ein Beispiel für eine logische Paradoxie stellt die folgende Geschichte dar: Ein Reisender gerät unter Kannibalen, die ihn gefangen nehmen und anschließend zur Bereicherung ihres Speiseplanes essen wollen. Die Kannibalen sind sich nur noch nicht einig, wie sie ihn zubereiten sollen. Sie bieten ihm an, er könne irgendeine Aussage machen. Wenn die Aussage wahr ist, werde er gekocht, und wenn sie falsch ist, werde er geröstet. Die klassische Logik besagt, dass eine Aussage entweder wahr oder falsch ist. Daher wird der Reisende entweder gekocht oder geröstet, aber dem unstillbaren Hunger der Kannibalen scheint er nicht entkommen zu können. Trotzdem fand der Reisende einen logischen Ausweg. Was sagte er zu den Kannibalen?

Seine Aussage lautete: „Das, was ich jetzt sage, ist falsch.“ Dieser Satz stürzte die Kannibalen in große Verwirrung. Denn der Inhalt des Satzes besagt, dass er falsch ist. Wenn er aber falsch ist, muss sein Gegenteil wahr sein. Damit sind wir wieder am Anfang. Die Wahrheit des Satzes impliziert seine Falschheit und aus der Falschheit folgt seine Wahrheit usw. Die Kannibalen waren daher ständig zwischen Kochen und Rösten hin- und hergerissen und vergaßen in ihrem Streit den Reisenden, der währenddessen unbemerkt entkam.

Die Kannibalen-Paradoxie kann auf die einfache Form gebracht werden: „Dieser Satz ist falsch.“ Ist der Satz wahr, dann ist er falsch. Nehmen wir aber an, dass er falsch ist, dann kann es nicht stimmen, dass das, was er behauptet (nämlich dass er falsch ist) richtig ist. Also stimmt es nicht, dass er falsch ist. Daher muss er wahr sein usw. Wenn er wahr ist, dann ist er falsch und umgekehrt. Worin liegt der Widerspruch? Der Grund für die Paradoxie liegt offensichtlich in der selbstbezüglichen Form des Satzes. Der Satz enthält eine Aussage über sich selbst. Das Wort „falsch“ ist ein metasprachlicher Ausdruck und referiert auf den ganzen Satz als Objekt. Der Satz stellt sich somit selbst in Frage. Durch diese Selbstreferentialität wird jeder objektsprachliche Bezug unterbunden, es liegt eine Vermischung von Objekt- und Metasprache vor.

Ein anderes Beispiel für eine logische Paradoxie stammt von *Bertrand Russell.* Früher, als es noch keine elektrischen Rasierapparate gab, gab es Barbiere, die das Rasieren als Dienstleistung anboten. Für die Männer gab es also die Möglichkeit, sich entweder selbst zu rasieren oder sich vom Barbier rasieren zu lassen. In einem kleinen abgelegenen Dorf gab es nur einen Barbier, der seine Aufgabe darin sah, alle und nur diejenigen Männer zu rasieren, die sich nicht selbst rasieren. Das heißt:

(1) Barbier X rasiert Herrn Y dann und nur dann, wenn Y sich nicht selbst rasiert.

Der Kundenkreis des Barbiers ist durch die Menge derjenigen Männer definiert, die sich nicht selbst rasieren. Alle anderen brauchen die Dienste des Barbiers nicht in Anspruch zu nehmen. Nun könnte man meinen, dass die Berufsauffassung des Barbiers sinnvoll und nützlich ist, weil damit jedem Mann die Möglichkeit einer Rasur gegeben wird. Das einzige Problem ist: Wer rasiert den Barbier? Wenn der Barbier sich selbst rasiert, gehört er per Definition nicht zu seinem eigenen Kundenkreis und folglich dürfte er sich nicht selbst rasieren. Rasiert er sich allerdings nicht selbst, gehört er zu den Männern, die er sich zu rasieren verpflichtet hat. Folglich müsste er sich selbst rasieren, im Widerspruch zur Voraussetzung! Setzt man in dem obigen Satz (1) X=Y, dann ergibt sich: Barbier X rasiert X genau dann, wenn X sich nicht selbst rasiert. Mit anderen Worten: X rasiert sich genau dann selbst, wenn X sich nicht selbst rasiert. Offensichtlich ist die Selbstverpflichtung des Barbiers widersprüchlich, es sei denn, der Barbier ist eine Frau!

Ein weiteres Beispiel für eine paradoxe Selbstbezüglichkeit ist die Aussage: „Dieser Sats enthält drei Feler." Wer diesen Satz aufmerksam liest, stutzt zunächst. Der Satz behauptet, dass er drei Fehler enthält. Tatsächlich enthält er aber nur zwei Rechtschreibfehler (syntaktische Fehler). Der Satz behauptet also etwas, was nicht stimmt. Behauptung und Wirklichkeit fallen auseinander. Und darin liegt der dritte Fehler. Der dritte Fehler ist kein syntaktischer, sondern ein semantischer Fehler.

Wir können dieses letzte Beispiel auf die einfache Form bringen: „Dieser Satz enthält einen Fehler." Damit haben wir wieder die Standardform der *Lügner-Paradoxie*. Von ihr gibt es verschiedene äquivalente Formulierungen:

- „Ich lüge jetzt."
- „Der folgende Satz ist wahr. Der vorhergehende Satz ist falsch."
- Auf der Vorderseite einer Karte steht: „Der Satz auf der Rückseite ist wahr". Auf der Rückseite steht: „Der Satz auf der Vorderseite ist falsch."
- Bei den Anhörungen zur Watergate-Affäre sagte John Dean, der ehemalige Berater Richard Nixons im Weißen Haus, aus: „Alle Aussagen Nixons über Watergate sind falsch." Präsident Nixon sagte vor dem Ausschuss: „Alle Aussagen Deans über Watergate sind falsch." (Falletta, S. 98)

Die bekannteste Version der Lügner-Paradoxie ist die folgende: Epimenides, ein Kreter behauptet: „Alle Kreter lügen". Wenn es stimmt, was Epimenides sagt, dann lügt er. Wenn er aber lügt, dann sagen die Kreter offenbar doch die Wahrheit usw. Auf den ersten Blick betrachtet, besitzt diese Paradoxie die gleiche selbstbezügliche Struktur wie die anderen Lügner-Paradoxien. Die Wahrheit dieses Satzes impliziert seine eigene Falschheit und aus der Falschheit folgt wiederum seine Wahrheit und der Zirkel beginnt von neuem. Aber bei einer genauen Analyse findet man doch einen Ausweg aus dem Zirkel. Nehmen wir einmal an, die Aussage des Epimenides sei wahr. Dann sind alle Kreter Lügner und auch Epimenides, da er ebenfalls ein Kreter ist, sagt nicht die Wahrheit. Daher kann die Behauptung, dass *alle* Kreter lügen, nicht stimmen. Es muss also *mindestens einen* Kreter geben, der die Wahrheit sagt. Entscheidend ist jetzt die Frage, ob Epimenides zu dieser Menge von Kretern gehört, die die Wahrheit sagen. Nur wenn Epimenides zur Menge der ehrlichen Kreter gehört, schließt sich der Zirkel und es entsteht der bekannte Widerspruch. Aber es kann auch der Fall sein, dass Epimenides *nicht* zu dieser Menge gehört und ein notorischer Lügner ist. Dann entsteht kein Widerspruch zu der obigen Behauptung, vorausgesetzt, dass es mindestens einen ehrlichen Kreter gibt, der nicht Epimenides heißt.

Dieses Beispiel zeigt, dass nicht jede Selbstbezüglichkeit zu einem semantischen Widerspruch führen muss. Es gibt viele selbstbezügliche Sätze, die weder paradox noch selbstwidersprüchlich sind. Zum Beispiel ist der Satz „Dieser Satz ist wahr“ selbstbezüglich, aber er führt nicht in einen vitiösen Zirkel.

Als letztes Beispiel sei noch eine weitere, klassische Form der Lügner-Paradoxie erwähnt: die sogenannte *Anwalts-Paradoxie*, die von Protagoras, einem berühmten Sophisten, handelt. Sophisten waren Privatlehrer im antiken Griechenland, die gegen Bezahlung Unterricht in Rhetorik erteilten. Sie vertraten einen philosophischen Relativismus, weil sie glaubten, dass sich für jeden Standpunkt und jede Meinung gleichermaßen gute Argumente vorbringen ließen und darum eine objektive Erkenntnis nicht möglich sei. Aus diesem Grund waren sie als Verteidiger in Gerichtsprozessen sehr begehrt. Noch heute versteht man unter Sophistik eine besonders raffinierte Form logischer Spitzfindigkeit, eine Überredungskunst, die an Demagogie grenzt.

Dieser Protagoras nun erteilte einem Schüler, Euathlos, Unterricht in Sophistik. Sie vereinbarten, dass der Student sein Honorar erst dann bezahlen müsse, wenn er seinen ersten Gerichtsprozess gewinnt. Der Schüler ließ aber lange nichts mehr von sich hören und hatte auch keinen Prozess geführt. Darum ging Protagoras vor Gericht und verklagte Euathlos wegen des nicht bezahlten Honorars. Protagoras argumentierte wie folgt: „Entweder werde ich diesen Prozess gewinnen oder ich werde ihn verlieren. Wenn ich den Prozess gewinne, dann musst du mir aufgrund des Urteils das Honorar bezahlen; verliere ich den Prozess, dann hast du den Prozess gewonnen und musst wegen unserer Vereinbarung ebenfalls bezahlen. Also musst du mir mein Honorar auf jeden Fall bezahlen." Euathlos dagegen erwies sich als ein sehr gewitzter Schüler und verteidigte sich mit dem gleichen Argument: „Wenn ich den Prozess gewinne, dann wird deine Klage abgewiesen und ich muss nicht bezahlen. Verliere ich dagegen, dann brauche ich wegen unserer Abmachung ebenfalls nicht zu zahlen." Auch diese Argumentation erscheint logisch. Aber wer hat Recht?

Der Anwalts-Paradoxie liegt eine ähnliche selbstbezügliche Struktur zugrunde wie der Lügner-Paradoxie: Beide Parteien berufen sich nämlich im Gerichtsprozess auf eine Vereinbarung, die auf den Ausgang eben dieses Prozesses Bezug nimmt. Damit schließt sich der Kreis und verhindert die Lösung des Streits. Diese Paradoxien sollten uns eine Warnung sein und uns stets daran gemahnen, zwischen Objekt- und Metasprache eine klare Trennungslinie zu ziehen.

1.3 Definitionslehre

Einen Begriff definieren heißt, ihn logisch auf andere (einfachere oder bekannte) Begriffe zurückzuführen. Der zu definierende (neue) Begriff heißt *Definiendum*, während das *Definiens* einen bekannten Ausdruck darstellt, der das Definiendum erklären und seine Bedeutung festlegen soll. Beispiele für Definitionen sind die folgenden Begriffserklärungen:

Quadrat	=	Rechteck mit vier gleich langen Seiten
Schimmel	=	weißes Pferd
Junggeselle	=	unverheirateter Mann

Links neben dem Gleichheitszeichen steht jeweils das Definiendum, rechts das Definiens. Oft wird das Definiendum zum Zwecke einer kürzeren Schreibweise eingeführt. In der Mathematik schreibt man z.B. statt $x \cdot x \cdot x$ kürzer x^3. Anstatt diese Schreibweise für jede Potenz extra zu definieren, kann man auch eine *rekursive Definition* anwenden: Man definiert zuerst x^1 als x und erklärt dann alle höheren Potenzen durch $x^{n+1} = x \cdot x^n$ für alle natürlichen Zahlen n. Ausgehend von $n=1$ ist damit die Potenz für jede beliebige natürliche Zahl definiert.

Für Definitionen gelten folgende Regeln bzw. Forderungen:

1. Ersetzungsregel bzw. Forderung nach *Eliminierbarkeit*:

Überall dort, wo das Definiendum steht, darf das Definiens eingesetzt werden und umgekehrt. Man spricht auch von einer „Austauschbarkeit salva veritate", d.h. Definiens und Definiendum können in jedem Kontext ausgetauscht werden ohne dass sich der Wahrheitswert des Satzes ändert. Definiens und Definiendum müssen daher logisch äquivalent sein. Eine Definition ist nur dann adäquat, wenn das Definiendum in jeder Aussage, in der es vorkommt, eliminiert und durch das Definiens ersetzt werden kann unter Erhaltung des Wahrheitswertes des Satzes. Diese Austauschbarkeit gilt allerdings nicht mehr, wenn man von der Objekt- zur Metasprache wechselt. Zum Beispiel bleibt der Satz „‚Junggeselle' hat weniger als zwölf Buchstaben" nicht mehr wahr, wenn man statt ‚Junggeselle' den äquivalenten Ausdruck ‚unverheirateter Mann' einsetzt.

2. Forderung der *Nichtzirkularität*:

Eine Definition darf nicht zirkulär sein. Das Definiendum darf im Definiens nicht vorkommen. Ebenso dürfen auch innerhalb eines Begriffssystems die verschiedenen Begriffe nicht zirkulär durch andere Begriffe dieses Systems definiert werden. Wenn z.B. definiert wird „Textilien sind die Erzeugnisse der Textilindustrie", darf man nicht definieren „Die Textilindustrie ist der Industriezweig, der Textilien herstellt".

3. Forderung der *Nichtredundanz*:

Eine Definition muss möglichst kurz sein und darf keine überflüssigen Eigenschaften enthalten, die aus bereits genannten Eigenschaften logisch folgen. Ein Beispiel für eine redundante Definition stellt der folgende Satz dar: „Ein Parallelogramm ist ein Viereck, bei dem je zwei Gegenseiten parallel und gleich lang sind und sich die Diagonalen gegenseitig halbieren". Diese Definition kann ohne Informationsverlust kürzer formuliert werden: „Ein Parallelogramm ist ein Viereck, bei dem je zwei Gegenseiten parallel sind". Alle anderen genannten Eigenschaften, dass je zwei Gegenseiten gleich lang sind und dass sich die Diagonalen gegenseitig halbieren, folgen aus dieser Definition.

Alle umgangssprachlichen Definitionen haben die gleiche Struktur. Das Definiens enthält einen Oberbegriff, der das Definiendum umfasst und eine spezifische Eigenschaft, die das Definiendum vor allen anderen Begriffen auszeichnet, die unter denselben Oberbegriff fallen. Die Definition eines Begriffs geschieht durch die Angabe des nächsthöheren oder nächstallgemeineren Oberbegriffs (*genus proximum*) und einer artbildenden Differenz (*differentia specifica*), die den Inhalt des zu definierenden Begriffs von den Inhalten nebengeordneter Begriffe unterscheidet: „*Definitio fit per genus proximum et differentiam specificam*".

Definiendum	=	Gattung	+	artbildende Differenz
		genus proximum	+	differentia specifica
Beispiele:				
Quadrat	=	Rechteck	+	vier gleich lange Seiten
Schimmel	=	Pferd	+	weiß
Junggeselle	=	Mann	+	unverheiratet
Mensch	=	Lebewesen	+	vernunftbegabt

Der Leser mache sich einmal die Mühe, bei der folgenden Lexikondefinition den Gattungsbegriff und die artbildende Differenz auseinanderzuhalten: „Der Staat ist eine dem Gemeinwohl dienende, mit Hoheitsrechten ausgestattete Gesellschaftsform".

In der Literatur werden folgende Definitionsarten unterschieden:

a) *Explizite und implizite Definitionen*:
Bei den bisher behandelten Beispielen wurden die zu definierenden Begriffe *explizit* durch eine logische Äquivalenz definiert. In der modernen axiomatischen Geometrie dagegen werden die Grundbegriffe Punkt und Gerade nicht explizit definiert. Eine Definition der Form „Ein Punkt ist, was keine Teile hat" macht geometrisch keinen Sinn. Man muss diese Begriffe daher als undefinierte bzw. undefinierbare Grundbegriffe akzeptieren, die ihre Bedeutung erst durch die geometrischen Axiome erhalten, in denen die Beziehungen zwischen den Begriffen erklärt werden. Man sagt daher, dass die Begriffe Punkt und Gerade durch die Axiome *implizit* oder kontextuell definiert werden.

b) *Operationale Definitionen*:
Physikalische Begriffe kann man durch die Angabe eines geeigneten Messverfahrens definieren. Dispositionsprädikate wie „wasserlös-

lich", „elastisch" oder „magnetisch" kann man nicht explizit definieren. Sie lassen sich, wenn überhaupt, nur *operational*, durch die Angabe einer Handlungsvorschrift, definieren. Ein Stück Zucker ist z.B. wasserlöslich, wenn man unter gewissen Bedingungen („Man werfe den Zucker ins Wasser") bestimmte Beobachtungen („Der Zucker löst sich im Wasser auf") macht. Auch in der Psychologie und Soziologie kommen häufig operationale Definitionen vor. „Intelligenz ist, was durch einen Intelligenztest gemessen wird" wäre ein Beispiel für eine operationale, möglicherweise sogar zirkuläre Definition.

c) *Nominaldefinition* und *Realdefinition*:
Nominaldefinitionen sind konventionelle Festsetzungen und können daher weder wahr noch falsch sein. Knüpft die Definition an einen gewohnten Sprachgebrauch an (z.B. Schimmel ist ein weißes Pferd"), so spricht man von einer *deskriptiven Definition*. Führt man mit der Definition dagegen einen neuen Sprachgebrauch ein, dann spricht man von einer *stipulativen Definition*. Im Gegensatz zu einer Nominaldefinition will eine *Realdefinition* dem Wesen einer Sache auf den Grund gehen. So versuchte Platon in vielen seiner Frühdialoge, das Wesen der „Tugend" zu definieren. Ebenso fasste Aristoteles die Definition stets als eine Realdefinition auf. Möchte man z.B. den Begriff des Lebens adäquat definieren, so könnte dies sicherlich nicht im Sinne einer Nominaldefinition durch die Angabe von Gattung und artbildender Differenz gelingen, sondern müsste durch eine Realdefinition geschehen.

1.4 Aussagen und Aussageformen

„Jeder Satz (logos) hat einen Sinn, ..., aber nicht jeder sagt etwas aus, sondern nur derjenige, der wahr oder falsch sein kann. Das kann aber nicht jeder, so ist z.B. eine Bitte zwar ein Satz, aber weder wahr noch falsch." (Aristoteles, De Int. IV, 17a) Aristoteles nennt Sätze, die wahr oder falsch sein können *apophantische Sätze* („logos apophantikos"). Wir nennen solche wahrheitsdefiniten Sätze Aussagen oder assertorische Sätze. Eine *Aussage* ist ein Satz, der wahr oder falsch ist. Es wird nicht verlangt, dass man stets entscheiden kann, welcher Wahrheitswert zutrifft, aber man geht davon aus, dass der Wahrheitswert von Aussagen „an sich", d.h. unabhängig von unserem Urteil, feststeht.

Beispiele für Aussagen sind die folgenden Sätze:

- Paris ist die Hauptstadt von Frankreich.
- Alle Menschen sind sterblich.
- $2 + 2 = 7$. (Diese Aussage ist zwar falsch, aber dennoch eine Aussage.)
- Jede gerade Zahl $n > 2$ kann als Summe zweier Primzahlen dargestellt werden. (Dies ist die Goldbach'sche Vermutung und ist bis heute unbewiesen. Kein Mensch weiß, ob sie wahr oder falsch ist.)

Keine Aussagen sind dagegen die folgenden Sätze:

- Wie spät ist es?
- Du sollst nicht lügen.
- $5 + 4$ (unvollständiger Ausdruck ohne Wahrheitswert)
- Die Stadt x ist berühmt wegen ihres guten Biers. (Dies ist eine Aussageform, aber keine Aussage.)

Fragesätze, Wünsche, Befehlssätze, ethische oder ästhetische Werturteile und Normen sind keine Aussagen, weil sie keine objektiven Sachverhalte beschreiben. Normen unterscheiden sich von Aussagen durch folgende Merkmale:

Aussagen	**Normen**
sind deskriptiv	sind präskriptiv
sind wahr oder falsch	weder wahr noch falsch
können verifiziert oder falsifiziert werden	sind weder verifizierbar noch falsifizierbar
sind subjektunabhängig	Jede Norm wird von einem Subjekt durch einen Willensakt erzeugt.
gelten absolut	Eine Norm kann in einem Normensystem gelten, in einem anderen nicht.
Es kann nicht zugleich p und nicht-p gelten.	Zwischen Normen gibt es keine logischen Widersprüche, aber es können deontische Widersprüche (Normenkonflikte) auftreten.

Manche Sätze enthalten sowohl deskriptive als auch normative Elemente. Der Leser möge sich bei den folgenden Sätzen einmal überlegen, ob es sich um Aussagen oder um Normen handelt:

1. Männer und Frauen sind gleichberechtigt. (GG Art. 3, Abs. 2)
2. Man muss im Straßenverkehr rechts fahren.
3. Alle Deutschen haben das Recht, sich ohne Anmeldung oder Erlaubnis friedlich und ohne Waffen zu versammeln. (GG, Art.8, Abs.1)

Man kann diese Sätze sowohl als wertneutrale Beschreibungen einer normativen Praxis lesen als auch als Aufforderungen zur Befolgung einer Norm auffassen. Wir können diese Deutungsprobleme beseitigen, wenn wir zwischen Normen und Normbeschreibungen bzw. der deskriptiven und präskriptiven Komponente eines Normsatzes unterscheiden.

Wenn der 1.Satz („Männer und Frauen sind gleichberechtigt") lediglich eine deskriptive Feststellung wäre, dass in Deutschland Gleichberechtigung verwirklicht ist, bedürfte es keines Gesetzes zur rechtlichen Gleichstellung. Vielmehr ist der Satz als eine Aufforderung an den Gesetzgeber zu verstehen, für Gleichberechtigung zu sorgen und Benachteiligungen auf Grund des Geschlechts zu verhindern. Dies wird dadurch bekräftigt, dass es im Anschluss an den ersten Satz heißt: „Der Staat fördert die tatsächliche Durchsetzung der Gleichberechtigung von Frauen und Männern und wirkt auf die Beseitigung bestehender Nachteile hin."

Analog dazu lässt sich im 2.Beispiel die deskriptive Komponente so formulieren: „In Deutschland gilt nach der Straßenverkehrsordnung die Vorschrift ...". Die präskriptive Komponente sieht so aus: „Jeder Verkehrsteilnehmer soll ...". Ebenso lässt sich der 3.Satz als Norm oder als Normbeschreibung formulieren.

Der Moralphilosoph R.M. Hare nennt den präskriptiven Bestandteil eines Normsatzes *Phrastikon* und den präskriptiven Bestandteil *Neustikon*. Der deskriptive Bestandteil hat stets die Form „Es gilt, dass p", wobei p die eigentliche Norm darstellt. Eine Norm richtet sich stets an einen Normadressaten x und befiehlt/erlaubt/verbietet ihm, eine Handlung H zu tun: „Du sollst/darfst H tun" = O[H(x)], wobei O einen normativen Operator (sollen/dürfen) bezeichnet.

In der Logik gilt der Satz, dass aus Aussagen keine Normen und umgekehrt aus Normen keine Aussagen abgeleitet werden können: „Keine Folgerungsregel darf von rein deskriptiven Prämissen zu normativen Schlussfolgerungen führen; keine darf aus rein präskriptiven Prämissen deskriptive Konsequenzen liefern." (Weinberger 1976, S. 99) Aus dem Sein folgt kein Sollen und aus einem Sollen folgt kein Sein. Einen Schluss, der gegen diese Regel verstößt, nennt man einen *naturalistischen Fehlschluss*.

Ebenso wie Normen sind auch *futurische Aussagen* (Aussagen über zukünftige Ereignisse) nicht wahrheitsdefinit. Würde z.B. der Wahrheitswert des Satzes „Morgen wird eine Seeschlacht stattfinden" definitiv feststehen, so wäre damit die Zukunft determiniert (siehe Aristoteles: De Int., Kap. IX). Um einen solchen Determinismus zu vermeiden und um den zukünftigen Verlauf des Weltgeschehens offen zu lassen, einigt man sich darauf, futurische Sätze nicht als Aussagen zu betrachten. „Wir können über Zukünftiges keine Aussagen machen. Tatsachen gibt es nur in der Gegenwart oder Vergangenheit, aber nicht in der Zukunft." (Kamlah/Lorenzen, S.140) Futurische Sätze sind Gegenstand einer *temporalen Logik*, sie können nicht adäquat im Rahmen der klassischen Logik beschrieben werden (siehe Kap. 10).

Gelegentlich wird zwischen Aussagen und Propositionen unterschieden. Das, was in einer Aussage ausgedrückt wird bzw. was mit ihr gemeint ist, wird *Proposition* genannt. Beispielsweise sind die Sätze „Es regnet", „It is raining", „Il pleut" verschiedene Aussagen, drücken aber dieselbe Proposition als *gedanklichen Inhalt* der Aussage aus. Eine Proposition ist ein Gedankengebilde als bedeutungstragender Inhalt einer Aussage. Damit sind Propositionen die eigentlichen Wahrheitsträger einer Aussage. Aussagen sind nur in einem mittelbaren Sinne wahr oder falsch, indem sie eine wahre oder falsche Proposition ausdrücken.

Betrachten wir die Aussage „Peter glaubt, dass es Leben auf dem Mars gibt". (Allgemein: „X glaubt, dass p.") Der Glaube ist ein mentaler Zustand, der eine Proposition p zum Objekt hat. Man spricht von einer *propositionalen Einstellung* (*propositional attutide*). Typische propositionale Einstellungen sind Glauben, Hoffen, Wissen und Fürchten. Propositionale Einstellungen werden als Dass-Sätze formuliert, wobei der propositionale Gehalt in dem mit *dass* eingeleiteten Nebensatz beschrieben wird. Der Wahrheitswert der Aussage „Peter glaubt, dass p" ist unabhängig vom Wahrheitswert der Aussage p. Peter kann ja auch etwas Falsches glauben. Normalerweise ändert sich der Wahrheitswert einer zusammengesetzten Aussage nicht, wenn man eine Aussage durch eine andere äquivalente Aussage ersetzt. Dieses Substitutionsprinzip gilt nicht für propositionale Einstellungen. Zum *Beispiel*: Aus dem Satz „Peter weiß, dass Bob Dylan das Lied ‚Blowin' in the Wind' schrieb" folgt nicht „Peter weiß, dass Robert Zimmerman ‚Blowin' in the Wind' schrieb", obwohl Bob Dylan mit Robert Zimmerman identisch ist.

Jede Aussage enthält (mindestens) ein Subjekt S und (mindestens) ein Prädikat P. In ihrer einfachsten Form sieht eine Aussage so aus: „S ist P" oder „S ist nicht P", je nachdem, ob das Prädikat dem Subjekt zu- oder abgesprochen wird. Im ersten Fall spricht man von einem bejahenden Urteil, im zweiten Fall von einem verneinenden Urteil. Das Subjekt S bezeichnet ein Ding, während das Prädikat P eine Eigenschaft dieses Dings beschreibt, wie in dem Beispiel „Diese Rose ist rot". Die Aussage stellt unabhängig davon, ob sie wahr oder falsch ist, einen Sachverhalt dar: die Beschreibung eines Dings und seiner Eigenschaften. Wollen wir also den Wahrheitswert einer empirischen Aussage feststellen, so müssen wir prüfen, ob der in ihr dargestellte Sachverhalt besteht oder nicht besteht. Eine Aussage ist genau dann wahr, wenn der in ihr beschriebene Sachverhalt besteht, so ist Wahrheit nach der sog. *Korrespondenztheorie* definiert. Neben der Korrespondenztheorie gibt es in der Philosophie aber auch noch andere Wahrheitstheorien. (Siehe Kap. 1.5)

Traditionellerweise unterscheidet man zwischen analytischen und synthetischen Urteilen. Ein Urteil ist *analytisch*, wenn das Prädikat im Subjekt enthalten ist. Ein analytisches Urteil ist aufgrund von Bedeutungen und unabhängig von Tatsachen wahr. Zum Beispiel ist der Satz „Alle Körper sind ausgedehnt" ein analytisches Urteil, da das Merkmal der Ausgedehntheit im Begriff des Körpers enthalten ist. Dagegen ist der Satz „Alle Körper sind schwer" ein *synthetisches Urteil*, da der Begriff der Schwere nicht im Begriff des Körpers enthalten ist. Synthetische Urteile sind Erweiterungsurteile, da hier durch das Prädikat ein neuer Inhalt hinzukommt, der nicht im Subjekt enthalten ist. Alle Definitionen und logische Wahrheiten sind analytische Urteile. Alle empirischen Sätze sind synthetische Urteile, da hier neue Erkenntnisse gewonnen werden.

Eine *Aussageform* ist ein Ausdruck, der eine (oder mehrere) freie Variable (Leerstellen) enthält und durch die Belegung aller freien Variablen in eine (wahre oder falsche) Aussage übergeht. Beispiele für Aussageformen sind die Sätze „x ist eine Primzahl“ oder „Alle S sind P“.

Auch Aussageformen können einen Wahrheitswert besitzen, der unabhängig von der Belegung der Variablen ist. Eine Aussageform, die für jede Belegung der Variablen eine wahre Aussage ergibt, nennt man *Tautologie*. Zum Beispiel ist die algebraische Aussageform $(a+b)^2 = a^2 + 2 \cdot a \cdot b + b^2$ eine Tautologie, weil die Gleichheit für alle Zahlen a und b gilt (Binomische Formel).

Es gibt also Sätze, die aufgrund ihrer Form allein wahr sind, unabhängig davon, wie die reale Welt beschaffen ist. Leibniz nannte solche logischen Wahrheiten *Vernunftwahrheiten* im Gegensatz zu *Tatsachenwahrheiten*, die aufgrund realer Sachverhalte wahr sind. Eine empirische Tatsachenwahrheit ist z.B. der Satz „Die Erde kreist um die Sonne“, während die altbekannte Bauernregel „Wenn der Hahn kräht auf dem Mist, dann ändert sich das Wetter oder es bleibt wie es ist“ eine logische Wahrheit (Vernunftwahrheit) darstellt. Logische Wahrheiten sind notwendig wahr, sie gelten „in allen möglichen Welten“; dagegen sind empirische Wahrheiten nur zufällig wahr, sie hängen von der Struktur unserer Welt ab. Das Problem, wie man zu empirischen Wahrheiten gelangt, ist Gegenstand der Wissenschaftstheorie, während sich die formale Logik mit der Frage beschäftigt, wie man zu logischen Wahrheiten gelangt, bzw. wie man feststellen kann, ob eine Aussage logisch wahr ist oder nicht.

Ein charakteristisches Merkmal von Aussagen wurde bisher als selbstverständlich vorausgesetzt, ohne dass es näher begründet wurde: nämlich die Tatsache, dass es nur zwei Wahrheitswerte (wahr und falsch) gibt. Weil diese zunächst intuitiv einleuchtende Behauptung den Grundstein der klassischen Logik (auch Aristotelische Logik genannt) bildet, sollten wir uns an dieser Stelle überlegen, weshalb wir uns gerade mit einer *zweiwertigen* Logik beschäftigen und nicht etwa mit einer drei- oder mehrwertigen Logik. Zweiwertig heißt: Eine Aussage ist entweder wahr oder falsch. Das bedeutet zweierlei:

1. Es gibt keinen dritten Wahrheitswert. Dies ist der *Satz vom ausgeschlossenen Dritten*, auch *tertium non datur* genannt. Ontologisch bedeutet dies: Zwischen Sein und Nichtsein gibt es kein Drittes.
2. Eine Aussage kann nicht *gleichzeitig* wahr und falsch sein, oder: Etwas kann nicht zugleich sein und nicht sein. Dies ist der *Satz vom*

Widerspruch; genau genommen müsste man hier vom Satz des *ausgeschlossenen* Widerspruchs sprechen.

Aristoteles formulierte den Satz vom Widerspruch wie folgt: „Es ist unmöglich, dass ein Prädikat einem Subjekt *in derselben Hinsicht* zugleich zukommt und nicht zukommt.“ (Met. Γ, 1005 b 19; freie Übersetzung) Wichtig ist der einschränkende Zusatz *„in derselben Hinsicht“*. Zweifellos kann ein Prädikat einer Sache zu einem Zeitpunkt zukommen und zu einem anderen Zeitpunkt nicht zukommen. Aber es ist auch möglich, dass man ein Urteil in einer Hinsicht bejaht, aber wenn man es unter einer anderen Hinsicht betrachtet verneint. Heraklit sagte: „Man kann nicht zweimal in denselben Fluss steigen“. Dieser Satz mutet auf den ersten Blick paradox an, er erhellt aber die Schwierigkeit, in die wir uns begeben, wenn wir den Satz vom Widerspruch nicht sorgfältig genug formulieren. Ein Fluss kann nämlich zu zwei verschiedenen Zeiten zugleich identisch als auch verschieden sein, je nachdem, in welcher Hinsicht man ihn betrachtet. In einer Hinsicht - formal, als Allgemeinbegriff betrachtet - ist der Fluss stets derselbe wie vorher, aber in anderer Hinsicht - material betrachtet - ist der Fluss als zeitlich veränderliches Objekt nicht mehr derselbe, weil ständig neue Wassermassen zuströmen und sich auch das Flussbett im Laufe der Zeit verändert.

Der Satz vom Widerspruch bildet das Fundament der zweiwertigen Logik. Wenn wir die Verwendung einer zweiwertigen Logik rechtfertigen wollen, so müssen wir die Gültigkeit dieses Satzes eingehender begründen. Schon Aristoteles (Met. Γ, IV) bemerkte, dass sich der Satz vom Widerspruch nicht beweisen lässt. Denn jeder formale Beweis müsste ihn in irgendeiner Form bereits als gültig voraussetzen. Dennoch hat der Satz seine Berechtigung: Er bildet die Grundlage jeden vernünftigen Behauptens und Fürwahrhaltens. Jede rationale Argumentation muss ihn als Präsupposition voraussetzen. Ein Mensch, der diese Diskursregel nicht akzeptiert, der also in gleicher Weise etwas behauptet und nicht behauptet, würde nicht ernst genommen werden. Auch die dreiwertige Logik und andere Logikkalküle können nicht gänzlich ohne den Satz vom Widerspruch auskommen. Denn jede Gültigkeitsbehauptung in einem formalen System setzt voraus, dass ein Satz entweder gilt oder nicht gilt, aber nicht beides gleichzeitig der Fall sein kann. Insofern ist die zweiwertige Logik in gewisser Weise eine natürliche Logik, die nicht in Frage gestellt werden kann.

1.5 Wahrheitstheorien

In der Philosophie gibt es verschiedene Auffassungen darüber, was Wahrheit ist. In diesem Kapitel soll ein kurzer Überblick über die wichtigsten Wahrheitstheorien gegeben werden.

a) **Korrespondenztheorie**
(wichtigste Vertreter: Aristoteles, Thomas von Aquin, Kant, Russell, Wittgenstein, Tarski)

Nach der Korrespondenztheorie besteht die Wahrheit einer Aussage in ihrer Übereinstimmung mit der Wirklichkeit. Eine Aussage ist wahr, wenn der von ihr behauptete Sachverhalt tatsächlich besteht. Die Wahrheit eines Satzes hängt nicht von unserer Meinung oder dem Kontext ab und ist überzeitlich gültig. „Die Sätze sind entsprechend wahr, wie es die Dinge sind." (Aristoteles: De Int. 9, 19 a 33) Ebenso wie Aristoteles definiert Kant die Wahrheit als „Übereinstimmung der Erkenntnis mit ihrem Gegenstande" (KrV, B 82) und Thomas von Aquin schreibt: „Veritas est adaequatio intellectus et rei" (De Veritate, q. 1, a.1). Man beachte, dass Thomas von Aquin den Begriff *adaequatio* (Angleichung) und nicht *aequitas* (Gleichheit) verwendet. Insofern ist Erkenntnis ein Annäherungsprozess. Die Wahrheit entsteht als Angleichung des erkennenden Verstandes (*intellectus*) an das erkannte Ding (*res*).

Eine Präzisierung der Korrespondenztheorie wurde von Russell und Wittgenstein vorgenommen. Sie fassen *adaequatio* als eine Strukturgleichheit oder Isomorphie von Aussagen und Wirklichkeit auf. Eine wahre Aussage stellt eine Tatsache dar. Die ganze Welt besteht aus Tatsachen: „Die Welt ist alles, was der Fall ist." (Wittgenstein: Tractatus 1.) „Was der Fall ist, die Tatsache, ist das Bestehen von Sachverhalten." (Tractatus 2.) „Die Gesamtheit der bestehenden Sachverhalte ist die Welt." (Tractatus 2.04) Daraus folgt, dass die ganze Welt – wenigstens im Prinzip – durch wahre Aussagen beschrieben werden kann. Jede Tatsache lässt sich durch einen wahren Satz darstellen, und umgekehrt gibt es zu jedem wahren Satz eine entsprechende Tatsache. Die ganze Wirklichkeit ist in Sprache abbildbar und die Struktur der Sprache spiegelt die Struktur der Wirklichkeit wider. Dies ist der Kern der Wittgensteinschen Bildtheorie.

Eine semantische Präzisierung der Korrespondenztheorie lieferte der polnische Logiker Alfred Tarski. Man spricht auch von einer *semantischen Wahrheitstheorie.* Tarski zufolge ist der Satz „Der Schnee ist weiß" genau dann wahr, wenn der Schnee weiß ist. Dies klingt zunächst wie eine nichtssagende Tautologie. Tatsächlich will Tarski mit seiner Wahrheitstheorie keine neue Definition von Wahrheit oder ein Wahrheitskriterium liefern, sondern nur Regeln dafür angeben, wie wir in einer logisch exakten Sprache mit den Begriffen „wahr" und „falsch" umzugehen haben: Die Aussage „p" ist genau dann wahr, wenn p einen bestehenden Sachverhalt bzw. eine Tatsache bezeichnet. Durch diese Konvention (*Konvention W*) ist Wahrheit erklärt.

Die Korrespondenztheorie tut so, als ob wir immer wüssten, wann ein Satz wahr oder falsch ist. Jedoch ist die Erkenntnis der Wahrheit das *Ziel* und nicht der Ausgangspunkt des Forschungsprozesses. Wir sind nicht im Besitz der Wahrheit, vielmehr gibt es nur eine schrittweise Annäherung an die Wahrheit. Daher definierte Charles S. Peirce die Wahrheit als das ultimative Ziel des wissenschaftlichen Fortschritts: „Was wir unter Wahrheit verstehen, ist die Meinung, der es schicksalhaft bestimmt ist, zuletzt von allen Forschern bejaht zu werden, und das Objekt, das in dieser Meinung repräsentiert wird, ist das Reale." (Peirce, S. 75)

Auch Popper war der Ansicht, dass es kein Kriterium für die Wahrheit, sondern nur Kriterien für den Fortschritt in Richtung Wahrheit gebe. Denn im Forschungsprozess werden ständig alte Theorien durch neue, bessere Theorien ersetzt. Eine Theorie kann aber nicht wahr sein, wenn sie jederzeit verworfen und durch andere, „wahrere" Theorien ersetzt werden kann. Zum Beispiel können die Gesetze der Newtonschen Mechanik nicht schlechthin als wahr bezeichnet werden. Denn diese Gesetze erweisen sich lediglich als Spezialfälle allgemeinerer Theorien, wie z.B. der Relativitätstheorie oder der Quantenmechanik. Aber auch die Gesetze der Quantenmechanik können nicht wahr sein, will man nicht die Hoffnung auf bessere und allgemeinere Theorien aufgeben. Wahrheit besitzt aber keine Grade und daher kann man auch nicht von „wahreren" Theorien sprechen. Popper führt stattdessen den Begriff der *Wahrheitsähnlichkeit* (verisimilitude) ein und will damit sagen, dass Theorien im Zuge des wissenschaftlichen Fortschritts zunehmend wahrheitsähnlicher werden: sie konvergieren gegen eine absolut wahre Theorie.

Die Korrespondenztheorie geht von einem *metaphysischen Realismus* aus, nämlich der Annahme, dass es eine bewusstseinsunabhängige Wirklichkeit gibt, die wir sprachlich beschreiben können. Für Wittgenstein kann ein Satz nur dadurch wahr oder falsch sein, „indem er ein Bild der Wirklichkeit ist“ (Tractatus 4.06). Es muss daher einen Wahrheitsträger (*truthmaker*) in der Welt geben, der die Aussage wahr oder falsch macht. Diese Wahrheitsträger sind die Tatsachen.

Das Grundproblem der Korrespondenztheorie besteht darin, wie wir die Korrespondenz, die Übereinstimmung zwischen Satz und Tatsache, feststellen können. Wir können immer nur Aussagen untereinander, aber nicht Aussagen mit Sachverhalten vergleichen. Denn wir nehmen die Welt nicht unvermittelt, sondern immer durch unsere Sinnesorgane gefiltert wahr, wobei bei der Wahrnehmung die Welt durch unseren Verstand strukturiert wird. Kantisch gesprochen sehen wir nie die „Dinge an sich“, sondern immer nur Erscheinungen. Um aber beide Elemente der Wahrheitsrelation vergleichen zu können, müssten wir einen Standpunkt außerhalb der Welt einnehmen und einen unmittelbaren Zugang zu den Tatsachen haben. Da wir aber die Welt nicht mit den Augen Gottes von einem objektiven Standpunkt aus betrachten können, sondern *in* ihr leben, können wir immer nur eine *interne* Perspektive einnehmen und Aussagen und Theorien miteinander vergleichen.

b) **Redundanztheorie**, **Deflationismus**
(wichtigste Vertreter: Frege, Ramsey, Ayer, Quine, Horwich)

In jüngster Zeit wird einer anderen Theorie große Beachtung geschenkt, die Wahrheit als einen redundanten, d.h. überflüssigen Begriff betrachtet: Die Behauptung, dass x wahr ist, sagt dasselbe aus wie die Behauptung, dass x gilt. Frank P. Ramsey verweist auf Tarskis semantische Wahrheitstheorie und deutet sie als Anleitung zur Elimination der Wahrheit. Der Satz „‚Schnee ist weiß‘ ist wahr“ sagt dasselbe aus wie der Satz „Schnee ist weiß“. Allgemein: „p“ ist wahr genau dann, wenn p. Die Elimination des Wahrheitsbegriffs geschieht durch Zitattilgung (*disquotation*), indem man die Anführungszeichen, in denen der Satz „p“ eingeklammert ist, weglässt. A.J. Ayer schreibt, „dass die Termini ‚wahr‘ und ‚falsch‘ ohne Bedeutung sind und im Satz nur als Zeichen der Bejahung oder Verneinung fungieren“ (Ayer, S. 116). Wahrheit drückt demnach keine mysteriöse metaphysische Eigenschaft eines Satzes aus, sondern bedeutet lediglich die zustimmende, bejahende Haltung des Sprechers zu dem Satz. Wahrheit ist nach dieser Auffassung ein Gegenstand der Pragmatik, nicht der Semantik.

Bereits Frege war der Meinung, dass sich wahre Sätze nicht auf Tatsachen oder bestehende Sachverhalte beziehen. Nach Frege besteht die Bedeutung einer Aussage in ihrem Wahrheitswert. Insofern bedeuten alle wahren Sätze dasselbe, nämlich die Wahrheit, auch wenn sie verschiedene Gedanken ausdrücken. Der Deflationismus ist daher neutral in Bezug auf metaphysische Theorien. Er präferiert weder einen Realismus noch einen Anti-Realismus. Allerdings ist er nahe daran, einen Wahrheitsrelativismus zu vertreten. Wenn Wahrheit nur in einer zustimmenden Haltung des Sprechers besteht, kann jeder alles mit Wahrheitsanspruch behaupten ohne dass es in einem objektiven Sinne wahr ist.

c) **Pragmatische Wahrheitstheorie**
(Vertreter: William James, John Dewey)

Nach Auffassung des Pragmatismus sind wahre Aussagen nicht an und für sich wahr, sondern werden durch den Prozess der Verifikation und Anerkennung wahr gemacht. Wissenschaftliche Wahrheiten wie z.B. die Erkenntnisse der Atomtheorie haben lediglich instrumentellen Charakter, indem sie für den Menschen nützlich sind und neue technische Errungenschaften ermöglichen. Wahre Theorien zeichnen sich durch ihren Erfolg aus. Wahr ist, was nützlich, erfolgreich und lebensdienlich ist. Wahrheit ist daher auch historisch veränderlich und kontextabhängig. Wahrheiten können jederzeit revidiert und durch andere, nützlichere Wahrheiten ersetzt werden. „Das Wahre ist, um es kurz zu sagen, nichts anderes als das, was uns auf dem Wege des Denkens vorwärts bringt, so wie das Richtige das ist, was uns in unserem Benehmen vorwärts bringt“ (James, S. 177).

Die Gleichsetzung von Wahrheit mit Erfolg klingt zwar plausibel, birgt aber auch große Gefahren in sich: Denn auch eine Lüge kann erfolgreich und nützlich sein. Es gibt viele wissenschaftliche Theorien, die außerordentlich erfolgreich waren, aber dennoch falsch sind: Man denke etwa an das Ptolemäische Weltbild oder die Phlogistontheorie in der Chemie. Umgekehrt kann auch eine zunächst erfolglose Theorie später zu neuem Leben erwachen und zu einer allgemein akzeptierten Lehrmeinung werden. Wir sollten uns daher hüten, Wahrheit mit Erfolg gleichzusetzen.

d) **Konsensustheorie** (Vertreter: Habermas, Apel)

Bereits Peirce fasste Wahrheit als die finale Überzeugung einer Forschungsgemeinschaft auf. Nach dieser Auffassung ist Wahrheit keine ideale Korrespondenz von Sätzen und Tatsachen, sondern eine Meinung, die allgemeine Zustimmung finden kann: Wahrheit ist diskursiver Konsens. Jürgen Habermas schreibt: „Die Bedingung für die Wahrheit von Aussagen ist die potenzielle Zustimmung aller anderen." (Habermas 1982, S. 124) „Wahr nennen wir Sätze, deren Geltungsanspruch von jedem vernünftigen Menschen anerkannt werden muss." (Habermas 1982, S. 222)

Wahrheit ist nicht einfach die Meinung der Mehrheit, die per Abstimmung entschieden wird. Es müssen zusätzlich ideale Bedingungen erfüllt sein, damit ein per Konsens angenommenes Urteil als wahres Urteil akzeptiert werden kann. Habermas nennt diese Voraussetzung eine ideale Sprechsituation: „Nicht jeder faktisch erzielte oder zu erzielende Konsensus kann ein zureichendes Kriterium für die Wahrheit von Sätzen sein. Sonst können wir einen falschen von einem wahren Konsens, oder Meinungen mit naivem Geltungsanspruch von Wissen, nicht mehr unterscheiden. Wahrheit schreiben wir nur den Sätzen zu, von denen wir kontrafaktisch annehmen, dass ihnen jedes zurechnungsfähige Subjekt zustimmen müsste, wenn es seine Meinungen nur lange genug in uneingeschränkter und zwangloser Kommunikation prüfen könnte" (Habermas 1982, S. 223). Damit eine ideale Sprechsituation vorliegt, fordert Habermas einen „herrschaftsfreien Diskurs": Der Diskurs darf nicht durch die Ausübung von Druck und Zwang verzerrt werden. Alle Diskursteilnehmer müssen gleichberechtigt sein, sie müssen die gleiche Chance haben, sich am Diskurs zu beteiligen, Fragen zu stellen, Antworten zu geben, Behauptungen und Rechtfertigungen aufzustellen oder deren Geltungsansprüche zu problematisieren. Keine Meinung darf der Kritik entzogen bleiben.

Der Diskurs kann aber nur dann funktionieren, wenn Einigkeit darüber besteht, welche Äußerungen zugelassen sind und welche nicht. Es erscheint z.B. sehr problematisch, subjektive Gefühle oder

Befindlichkeiten als gleichwertige Äußerungen neben wissenschaftliche Argumente zu stellen. Dass die hohen Anforderungen an den Diskurs sich in der Praxis nicht mit den realen Gegebenheiten decken, ist ein anderes Problem der Konsensustheorie. Denn auch die besten Kriterien zur Gewährleistung eines rationalen Diskurses werden irrationale und egoistische Handlungen der Akteure nicht ausschließen können, zumal jeder Diskursteilnehmer auch menschliche Schwächen besitzt und in subjektiven Meinungen und Interessen gefangen und darum auch *be*fangen ist. Aber selbst wenn beim Diskursverfahren nur rationale Argumente zugelassen wären und eine ideale Sprechsituation gewährleistet wäre, blieben immer noch Zweifel, ob der Diskurs jemals an ein Ende gelangen und ein allgemein akzeptiertes Urteil gefällt werden kann.

e) **Kohärenztheorie** (Vertreter: Bradley, Neurath, Rescher)

Die Kohärenztheorie bezieht ihre Stärke aus einer Schwäche der Korrespondenztheorie: Da sich Aussagen nicht in einem absoluten Sinne mit der Realität konfrontieren lassen, bleibt uns nur die Möglichkeit übrig, sie mit anderen Aussagen zu vergleichen. Eine Aussage ist wahr, wenn sie mit allen anderen Aussagen kohärent ist. Kohärenz heißt: Verträglichkeit, Vereinbarkeit mit anderen Aussagen, gegenseitige Stützung, Widerspruchsfreiheit.

Eine Aussage oder eine Theorie gilt so lange als wahr wie sie nicht mit sich selbst oder mit anderen akzeptierten Sätzen im Widerspruch steht. Tritt ein Widerspruch auf, so ist entweder der betrachtete Satz falsch, oder aber das ganze Satzsystem, mit dem die Aussage verglichen wird, ist fehlerhaft. In einem solchen Fall muss das ganze System modifiziert werden, bis der Widerspruch beseitigt ist. Daher ist Wahrheit keine Eigenschaft einzelner Sätze, die isoliert für sich auf ihre Gültigkeit hin überprüft werden können, vielmehr eine ideale Eigenschaft eines ganzen, in sich abgeschlossenen Satz- oder Theoriensystems. (Hegel: „Das Wahre ist das Ganze.“) Dieser *Holismus* wird auch von Quine bekräftigt, nach dem „unsere Aussagen über die Außenwelt nicht als einzelne Individuen, sondern als ein Kollektiv vor das Tribunal der sinnlichen Erfahrung treten“ (Quine, S. 45). Wahrheit ist daher stets kontextabhängig und somit auch eine soziale und historische Erscheinung. Sie hängt von den Überzeugungen der Mitglieder einer Forschungsgemeinschaft ab, die eine Theorie T als wahr akzeptieren. Wahrheit ist somit immer relativ zu einer Theorie T.

Für den Kohärenztheoretiker gibt es keine unkorrigierbaren, für alle Zeiten feststehenden Wahrheiten. Die Begründung eines Urteils kann sich nicht auf eine Basis evidenter Sätze berufen, sei es in Form dogmatischer Aussagen oder scheinbar objektiver Beobachtungssätze, wie dies der Empirismus nahelegt. Ein wichtiges Ergebnis der modernen Wissenschaftstheorie ist die Einsicht in die Vorläufigkeit allen Wissens. Die Kohärenztheorie steht damit im Gegensatz zu einer fundamentalistischen Auffassung von Wahrheit. Der Fundamentalist will sein Wissenssystem auf der Basis absolut gewisser Wahrheiten aufbauen. Auf diese Pfeiler gestützt baut er sein Gebäude des Wissens immer höher, indem er Stück für Stück neue wahre Sätze hinzufügt. Der Kohärentist geht dagegen von einem eingestandenermaßen unsicheren und widersprüchlichen System vorläufiger Meinungen aus, dessen Widersprüche nach und nach eliminiert werden, indem einzelne Sätze aus dem System entfernt oder modifiziert werden. Neurath vergleicht dieses System mit einem Schiff, das auf offener See umgebaut wird: „Wie Schiffer sind wir, die ihr Schiff auf offener See umbauen müssen, ohne es jemals in einem Dock zerlegen und aus besten Bestandteilen neu errichten zu können." (Neurath, S. 579) Es ist sogar durchaus möglich, dass es verschiedene kohärente Systeme gibt, die die Welt gleichermaßen gut beschreiben.

2. Aussagenlogische Verknüpfungen

Aussagen kürzt man in der Logik mit Buchstaben ab. Zum Beispiel können wir die folgenden Abkürzungen einführen: p = Die Sonne scheint, q = Wir machen einen Ausflug. Damit kann man neue Aussagen bilden, zum Beispiel:

- Die Sonne scheint nicht. = nicht-p.
- Die Sonne scheint und wir machen einen Ausflug. = p und q.
- Die Sonne scheint nicht, aber wir machen trotzdem einen Ausflug. = nicht-p und q. (Bemerkung: Die Ausdrücke „aber“ und „trotzdem“ haben in der Logik keine Bedeutung.)
- Wenn die Sonne scheint, machen wir einen Ausflug. = Wenn p, dann q.
- Wir machen nur dann einen Ausflug, wenn die Sonne scheint, und sonst nicht. = p genau dann, wenn q.

Einfache Aussagen können durch *Junktoren* (z.B. „nicht“, „und“, „oder“, „wenn–dann“ usw.) zu neuen, komplexeren Aussagen verknüpft werden. Der Wahrheitswert zusammengesetzter Aussagen hängt von den Wahrheitswerten der Teilaussagen und der Art der Verknüpfung ab. Durch jeden Junktor wird also der zusammengesetzten Aussage ein Wahrheitswert aus den Wahrheitswerten der Teilaussagen funktional zugeordnet. Man spricht daher auch von *Wahrheitsfunktionen*. Im folgenden werden wir die wichtigsten aussagenlogischen Wahrheitsfunktionen untersuchen.

2.1 Die Negation

Ist p eine Aussage, dann bezeichnet man mit $\neg p$ (gelesen: nicht-p) deren Negation.

Beispiele: p = Die Sonne scheint.
$\neg p$ = Die Sonne scheint nicht.

Die Negation des Satzes q = „Niemand ist unfehlbar“ lautet: $\neg q$ = „Es gibt (mindestens) einen Menschen, der unfehlbar ist“.

In einigen Logik-Lehrbüchern wird statt $\neg p$ manchmal auch $\bar{p}$ geschrieben. Es gilt die Regel, dass sich bei der Negation der Wahrheitswert der Aussage umkehrt. D.h. ist die Aussage p wahr, dann ist ihre Negation $\neg p$ falsch und umgekehrt.

Beispiel: Die Aussage p: $7 < 5$ ist falsch. Daher ist die Negation $\neg p$: $7 \geq 5$ wahr.

Schematisch sieht das so aus:
(Wahrheitstafel der Negation)

p	¬p
w	f
f	w

Es gilt das *Gesetz der doppelten Negation*: $\neg\neg p = p$. Der Inhalt einer Aussage ändert sich nicht, wenn sie zweimal verneint wird.

Beispiel: p = Hans ist verheiratet.
¬p = Hans ist nicht verheiratet.
¬¬p = Es ist nicht der Fall, dass Hans nicht verheiratet ist.
= Hans ist verheiratet.

Also gilt: $\neg\neg p = p$.

2.2 Die Konjunktion

Notation: $p \wedge q$, das heißt: p und q, sowohl p als auch q.

Beispiel: „Das Schachspiel ist aufregend *und* unterhaltsam." Zur Formalisierung führen wir die beiden Abkürzungen ein: p = „Das Schachspiel ist aufregend", q = „Das Schachspiel ist unterhaltsam". Damit ist $p \wedge q$ = „Das Schachspiel ist aufregend und unterhaltsam". Dagegen liegt in dem Satz „Peter und Paul sind Nachbarn" keine Konjunktion vor. Denn die Aussage lässt sich nicht in eine Konjunktion von zwei Teilaussagen zerlegen. (In diesem Fall stellt „Nachbar sein" eine zweistellige Relation dar.)

Die Konjunktion zweier Aussagen ist genau dann wahr, wenn beide Teilaussagen wahr sind. Sie ist falsch, wenn mindestens eine Teilaussage falsch ist. Die Wahrheitstafel sieht daher so aus:

p	q	p ∧ q
w	w	w
w	f	f
f	w	f
f	f	f

In der formalen Logik können auch Aussagen, die inhaltlich nichts miteinander zu tun haben, verknüpft werden, z.B. „Katzen essen Mäuse oder $2+2=5$“ (Diese Aussage ist wahr, obwohl $2+2$ nicht 5 ist). Hier wäre man aufgrund unseres alltagssprachlichen Denkens geneigt, die Aussagenverknüpfung als sinnlose Aussage anzusehen. Jedoch spielen in der formalen Logik Inhalte keine Rolle. Aussagen bzw. Aussagenverknüpfungen müssen nur wahr oder falsch sein, brauchen aber keine empirisch sinnvollen Sachverhalte auszudrücken, denn die Logik ist unabhängig von jeder Erfahrung.

Im folgenden sollen zwei Beispiele sprachlich sinnvoller Aussagenverknüpfungen analysiert werden.

1. Beispiel: p = Fritz geht schwimmen, q = Peter geht schwimmen. Damit kann man folgende Sätze bilden:

$p \wedge q$ = Fritz und Peter gehen schwimmen.
= Sowohl Fritz als auch Peter gehen schwimmen.

$\neg p \wedge \neg q$ = Fritz geht nicht schwimmen und Peter geht nicht schwimmen. = Fritz und Peter gehen beide nicht schwimmen.
= Weder Fritz noch Peter gehen schwimmen.

Man beachte, dass die Aussage $\neg(p \wedge q)$ eine andere Bedeutung hat als die Aussage $\neg p \wedge \neg q$. $\neg(p \wedge q)$ heißt: Es stimmt nicht, dass Fritz und Peter (gemeinsam) schwimmen gehen. (Es kann z.B. sein, dass nur einer von beiden schwimmen geht oder dass keiner von beiden schwimmen geht.) $\neg(p \wedge q)$ ist also etwas anderes als $\neg p \wedge \neg q$.

2. Beispiel: Betrachten wir den Satz „Fritz raucht und trinkt nicht“. Wir verwenden die Abkürzungen r = „Fritz raucht“ und t = „Fritz trinkt“. Hier bieten sich zwei Interpretationen der obigen Aussage an:

a) $r \wedge \neg t$ = (Fritz raucht) und (Fritz trinkt nicht).
= Fritz ist Raucher, aber er ist Antialkoholiker.

b) $\neg r \wedge \neg t$ = Fritz raucht nicht und er trinkt nicht.
= Fritz ist weder Raucher noch Alkoholiker.
(Fritz ist ein Totalabstinenzler.)

Hier wird der Vorteil der symbolischen Schreibweise deutlich: Während die Umgangssprache oft mehrdeutige Formulierungen zulässt, ist die formallogische Schreibweise stets eindeutig. Diese Mehrdeutigkeiten treten auch bei einer anderen aussagenlogischen Verknüpfung auf, der Oder-Verknüpfung.

2.3 Die Disjunktion

In der Umgangssprache gibt es zwei verschiedene Bedeutungen von „oder“:

1. das ausschließende „oder“ im Sinne von „entweder-oder“, z.B. „Ich gehe heute abend ins Theater oder ins Kino“, „Sind Sie evangelisch oder katholisch?“
2. das einschließende „oder“, z.B. „Wer viel turnt oder schwimmt, bleibt leistungsfähig“, „Die Sonne scheint oder es regnet“ (Es ist beides gleichzeitig möglich).

Man beachte: In der Logik wird „oder“ stets im einschließenden Sinn verwendet. Notation: $p \vee q$ = p oder q (mindestens eines von beiden, genauer: „entweder p oder q oder beides“). Diese Aussagenverknüpfung heißt *Disjunktion* (auch Adjunktion genannt). Die ausschließende Oder-Verknüpfung wird *Kontravalenz* genannt. Notation: $p \succ\!\prec q$ = entweder p oder q (= das eine oder das andere, aber nicht beides zugleich).

Die Disjunktion ist wahr, wenn mindestens eine Teilaussage wahr ist. Sie ist nur dann falsch, wenn beide Teilaussagen falsch sind. Die Wahrheitstafel der Disjunktion sieht daher so aus:

p	q	$p \vee q$
w	w	w
w	f	w
f	w	w
f	f	f

Die Kontravalenz ist genau dann wahr, wenn beide Teilaussagen verschiedene Wahrheitswerte haben. Die Wahrheitstafel der Kontravalenz sieht somit so aus:

p	q	$p \succ\!\prec q$
w	w	f
w	f	w
f	w	w
f	f	f

Um die logischen Beziehungen zwischen Konjunktion und Disjunktion zu klären, untersuchen wir das folgende *Beispiel*: Herr X hat einen Unfall gemacht und wird vor Gericht zweier Straftaten beschuldigt:

p = Der Angeklagte hat Unfallflucht begangen.

q = Der Angeklagte stand unter Alkoholeinfluss.

Ob Herr X tatsächlich schuldig ist, wissen wir nicht. Aber es sind vier Fälle möglich:

1. Fall: Unfallflucht und Alkohol am Steuer = $p \wedge q$
   (In diesem Fall droht Herrn X die Höchststrafe.)
2. Fall: keine Unfallflucht, aber Alkohol am Steuer = $\neg p \wedge q$
3. Fall: Unfallflucht, aber kein Alkohol = $p \wedge \neg q$
4. Fall: keine Unfallflucht und Herr X war nüchtern = $\neg p \wedge \neg q$
   (In diesem Fall wäre Herr X im Sinne der Anklage unschuldig.)

	p Unfallflucht	¬p keine Unfallflucht
q Alkohol am Steuer	$p \wedge q$	$\neg p \wedge q$
¬q kein Alkohol am Steuer	$p \wedge \neg q$	$\neg p \wedge \neg q$

Die Anklage lautet: $p \vee q$. D.h. Herr X wird mindestens eines Vergehens für schuldig befunden. Der Verteidiger von X möchte die Anklage zu Fall bringen; er muss also zeigen, dass sein Mandant weder Fahrerflucht begangen hat, noch unter Alkoholeinfluss stand. Der Verteidiger kann sein Plädoyer in zwei verschiedenen Formulierungen vortragen:

1. Er bestreitet die Schuld seines Mandanten, indem er die Anklage verneint: $\neg(p \vee q)$ = „Es stimmt nicht, dass der Angeklagte Unfallflucht begangen hat oder unter Alkoholeinfluss stand."
2. Oder der Verteidiger bestreitet die einzelnen Anklagepunkte: $\neg p \wedge \neg q$ = „Mein Mandant hat weder Unfallflucht begangen, noch stand er zur Tatzeit unter Alkoholeinfluss."

Beide Formulierungen sind logisch äquivalent. Sie dienen beide zur Entlastung des Angeklagten und haben das Ziel, ihn von der Anklage freizusprechen. Daraus folgt:

$$\neg(p \vee q) = \neg p \wedge \neg q \qquad \text{(1. De Morgansches Gesetz)}$$

Nun untersuchen wir die Argumentation des Staatsanwalts. Er will auf die folgende Anklage hinaus:
1. $p \wedge q$ = „Der Angeklagte stand zur Tatzeit unter Alkoholeinfluss und ist nach dem Unfall geflüchtet."

Der Staatsanwalt kann auch so argumentieren:
2. $\neg(\neg p \vee \neg q)$ = „Es ist nachweislich falsch, dass Herr X am Unfallort geblieben ist oder keinen Alkohol getrunken hat." Betrachten wir diese Aussage etwas genauer. $\neg p \vee \neg q$ würde bedeuten: Herr X hat keine Unfallflucht begangen ($\neg p$) oder Herr X war nicht betrunken ($\neg q$). $\neg p \vee \neg q$ lässt also 3 Fälle offen: a) $\neg p \wedge q$, b) $p \wedge \neg q$ und c) $\neg p \wedge \neg q$. Jeder dieser drei Fälle ist möglich. Der Staatsanwalt will aber diese drei Möglichkeiten ausschließen. Also muss er diese Vermutung verneinen, so dass nur noch eine Möglichkeit übrig bleibt: $p \wedge q$.

Daraus folgt ein weiteres Gesetz: $p \wedge q = \neg(\neg p \vee \neg q)$. Man kann dieses Gesetz auch so schreiben:

$$\neg(p \wedge q) = \neg p \vee \neg q. \qquad \text{(2. De Morgansches Gesetz)}$$

Die gegensätzlichen Positionen des Staatsanwalts und des Verteidigers können in einem *logischen Quadrat der Gegensätze* dargestellt werden:

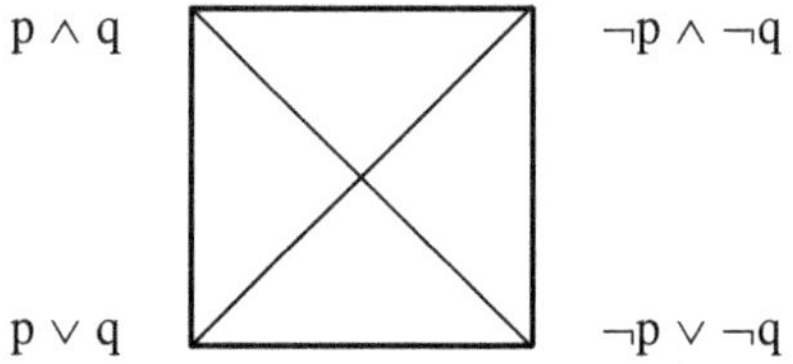

- Das Plädoyer des Verteidigers ($\neg p \wedge \neg q$) und die Anklage des Staatsanwalts ($p \wedge q$) stehen in einem *konträren Gegensatz*. Beide Aussagen sind unverträglich, aber das eine ist nicht das Gegenteil des anderen. Konträre Aussagen können nicht zugleich wahr, wohl aber zugleich falsch sein.
- Die Anklage ($p \vee q$) muss vom Verteidiger widerlegt werden: ($\neg p \wedge \neg q$). Beide Aussagen schließen einander aus und stehen in einem *kontradiktorischen Gegensatz*. Das eine ist die Negation des anderen.

- Ebenso stehen die beiden Aussagen $p \wedge q$ und $\neg p \vee \neg q$ in kontradiktorischem Widerspruch. Denn $\neg p \vee \neg q$ ist die Negation von $p \wedge q$: $\neg p \vee \neg q = \neg(p \wedge q)$.
- Man sagt: $p \vee q$ und $\neg p \vee \neg q$ stehen in *subkonträrem Gegensatz*. Subkonträre Aussagen können nicht zugleich falsch, wohl aber zugleich wahr sein.
- Die Disjunktion $p \vee q$ ist eine Abschwächung der Konjunktion $p \wedge q$. Aus $p \wedge q$ folgt $p \vee q$. Man spricht von einem *subalternen Gegensatz*.

2.4 Die Implikation

Beispiele:

- Wenn morgen schönes Wetter ist, dann machen wir einen Ausflug.
- Wenn es regnet, dann ist die Straße nass.
- Wenn heute der 30.Dezember ist, dann ist morgen Silvester.

Notation: $p \rightarrow q$, das heißt: „Wenn p, dann q."

andere Formulierungen: Aus p folgt q. p impliziert q. Falls p, dann q. q, falls p. q, vorausgesetzt, dass p. Man sagt auch: p ist eine hinreichende Bedingung für q. Oder: q ist eine notwendige Bedingung für p.

Die Aussagenverknüpfung $p \rightarrow q$ heißt *Implikation* (auch Subjunktion oder Konditional genannt). p heißt Antezedens oder Vordersatz, q heißt Konsequens oder Nachsatz (bzw. Hintersatz). Die Implikation $p \rightarrow q$ ist nur dann falsch, wenn p wahr und q falsch ist. In allen anderen Fällen soll $p \rightarrow q$ wahr sein.

Wahrheitstafel der Implikation:

p	q	$p \rightarrow q$
w	w	w
w	f	f
f	w	w
f	f	w

An der Wahrheitstafel sieht man:

1. Aus einer falschen Aussage kann man alles Beliebige folgern (*ex falso sequitur quodlibet*). Insbesondere gilt, dass aus etwas Falschem etwas Wahres folgen kann.
2. Eine wahre Aussage kann aus einer beliebigen Aussage gefolgert werden (*verum sequitur ex quolibet*).

Diese *Paradoxien der Implikationen* begegnen uns auch in manchen Sprichwörtern:

1. Implikation mit falschem Vordersatz: „Wenn es Weißbier regnet und Weißwürste schneit, dann bitten wir den Herrgott, dass das Wetter so bleibt." (Obwohl der Vordersatz falsch ist, ist der gesamte Satz immer wahr.)
2. Implikation mit wahrem Hintersatz: „Wenn der Hahn kräht auf dem Mist, dann ändert sich das Wetter oder es bleibt wie es ist." Diese unfehlbare Bauernregel hat die folgende logische Struktur: $p \rightarrow (q \vee \neg q)$. Der Hintersatz $(q \vee \neg q)$ ist immer wahr und damit auch die ganze Aussage.

Der ex-falso-Fall wird etwas verständlicher, wenn man Ursache-Wirkungs-Zusammenhänge betrachtet, z.B. den Satz „Wenn ich einen Würfel Zucker in den Kaffee werfe, dann löst er sich auf", symbolisch: $Z \rightarrow L$. Wenn ich die Handlung Z (Zucker in den Kaffee) ausführe, dann kann ich L (Auflösen des Zuckers) beobachten. Selbstverständlich kann man nichts beobachten, wenn man die Anfangsbedingung Z nicht erfüllt. Aber der behauptete Ursache-Wirkungs-Zusammenhang zwischen Z und der Beobachtung L kann nicht dadurch falsifiziert werden, dass man die Handlung Z unterlässt. Vielmehr bleibt der naturgesetzliche Zusammenhang auch dann bestehen, wenn das Antezendens Z falsch ist: Zucker ist auch dann noch wasserlöslich, wenn ich ihn nicht in Wasser oder Kaffee tauche. Die Wasserlöslichkeit ist eine *Disposition* (Fähigkeit, Veranlagung) des Zuckers, ebenso wie auch der Mensch gewisse Verhaltensdispositionen unabhängig von seinem momentanen Verhalten besitzt.

Viele Naturgesetze haben die Struktur eines Wenn-Dann-Satzes: „Wenn bestimmte Anfangs- und Randbedingungen erfüllt sind, dann verhält sich das physikalische System so und so." Naturgesetze beanspruchen eine überzeitliche Gültigkeit, die nicht von der Aktualisierung der konkreten Randbedingungen abhängt. Zum Beispiel stellen die Wurfgesetze einen Zusammenhang her zwischen den Randbedingungen und Anfangsdaten einer Bewegung (Abwurfgeschwindigkeit und Wurfwinkel) und der anschließenden Bahnkurve des Körpers.

(Umgangssprachlich formuliert: „Wenn ich den Stein in die Luft werfe, dann fällt er irgendwann einmal wieder auf den Boden zurück.“) Das Wurfgesetz ist auch dann wahr, wenn man den Stein nicht wirft. Ebenso ist auch das Newtonsche Bewegungsgesetz „Kraft = Masse mal Beschleunigung“ dann wahr, wenn auf den Körper keine Kraft ausgeübt wird und er somit keine Beschleunigung erfährt.

Problematisch sind allerdings *irreale Konditionalsätze* (counterfactuals) wie z.B. der Satz

(1) „Wenn Napoleon England erobert hätte, dann hätte er das englische Rechtswesen abgeschafft.“

Solche Behauptungen sind allein schon durch die Falschheit des Vordersatzes wahr (ex-falso-Fall). Vergleichen wir den Satz mit der Aussage

(2) „Wenn Napoleon England erobert hätte, dann wäre $2 + 2 = 5$.“

Formallogisch ist auch dieser Satz wahr. Aber dennoch gibt es einen entscheidenden Unterschied zum ersten Satz: In beiden Sätzen stellt der Vordersatz immerhin noch eine denkbare Möglichkeit dar, während im zweiten Satz die Konsequenz ($2 + 2 = 5$) unmöglich erfüllbar ist. Stellen wir uns einen anderen Geschichtsverlauf vor, bei dem Napoleon tatsächlich England erobert hat, sozusagen eine „mögliche Welt“, in der der Vordersatz wahr ist und in der die im ersten Satz prognostizierte Folge (Napoleon schafft das englische Rechtswesen ab) eintritt. In dieser „Parallelwelt“ wäre der erste Satz faktisch wahr, weil beide Teilaussagen wahr sind. Aber in keiner möglichen Welt kann der Satz „$2 + 2 = 5$“ wahr werden. „$2 + 2 = 5$“ ist *notwendig falsch*. Damit wäre in unserer fiktiven Parallelwelt der Vordersatz wahr und der Hintersatz falsch und damit auch der ganze Satz (2) falsch.

Der tiefere Grund für diese Paradoxie ist der Umstand, dass die klassische Logik keinen Unterschied zwischen möglichen und notwendigen Wahrheiten macht. Dieser Mangel lässt sich in der *Modallogik* beheben, in der der Implikationsbegriff modifiziert wird.

2.5 Die Äquivalenz

$p \leftrightarrow q$ heißt *Äquivalenz* (auch Bisubjunktion genannt), in Worten: „p genau dann, wenn q" (abgekürzt: p gdw. q) oder: „p dann und nur dann, wenn q".

Beispiele:

- Eine Sonnenfinsternis entsteht genau dann, wenn sich der Mond zwischen Erde und Sonne schiebt.
- Ein Lebewesen besitzt genau dann ein Herz, wenn es auch eine Niere besitzt.

$p \leftrightarrow q$ ist genau dann wahr, wenn p und q die gleichen Wahrheitswerte haben.

Wahrheitstafel der Äquivalenz:

p	q	$p \leftrightarrow q$
w	w	w
w	f	f
f	w	f
f	f	w

$p \leftrightarrow q$ ist genau dann wahr, wenn neben der Implikation $p \rightarrow q$ auch deren Umkehrung $q \rightarrow p$ wahr ist. Es gilt nämlich:

$$p \leftrightarrow q = (p \rightarrow q) \wedge (q \rightarrow p).$$

Alle Definitionen haben die Form von logisch wahren Äquivalenzen. Zum *Beispiel*: x ist ein Schimmel $\leftrightarrow$ x ist ein weißes Pferd. Gleichheitsumformungen in der Mathematik sind ebenfalls logisch wahre Äquivalenzen: z.B. $x + a = b \;\leftrightarrow\; x = b - a$.

Wenn eine Äquivalenz $\alpha \leftrightarrow \beta$ logisch wahr (d.h. allgemeingültig) ist, dann schreibt man auch $\alpha \Leftrightarrow \beta$ oder einfach $\alpha = \beta$. Man sagt, die beiden Aussagen α und β seien logisch äquivalent. Einige Beispiele für logische Äquivalenzen kennen wir bereits:

$p = \neg\neg p$ (Gesetz der doppelten Negation)

$\neg(p \vee q) = \neg p \wedge \neg q$ (1.Gesetz von De Morgan)

$\neg(p \wedge q) = \neg p \vee \neg q$ (2.Gesetz von De Morgan)

$(p \rightarrow q) = (\neg q \rightarrow \neg p)$ (Gesetz der Kontraposition)

$p \rightarrow q = \neg p \vee q$

2.6 Andere Junktoren

Ein zweistelliger Junktor ist eine Funktion von zwei Aussagen: f(p,q). Wie viele Arten verschiedener Verknüpfungen von zwei Aussagen sind möglich? Eine Antwort auf diese Frage gibt uns die Wahrheitstafel: Es gibt zwei Wahrheitswerte und vier Möglichkeiten, diese Wahrheitswerte auf zwei Aussagen zu verteilen. Also sind insgesamt $2^4 = 16$ zweistellige (dyadische) Aussagenverknüpfungen möglich. Diese 16 Junktoren wollen wir mit J_1, ..., J_{16} bezeichnen. Die folgende Tabelle gibt einen Überblick über die 16 Junktoren.

Junktor	Wahrheitstafel				Zeichen	Name
J_1	w	w	w	w	⊤	Tautologie
J_2	f	w	w	w	|	Exklusion
J_3	w	f	w	w	→	Implikation
J_4	w	w	f	w	←	Replikation
J_5	w	w	w	f	∨	Disjunktion
J_6	f	f	w	w	┐	Pränonpendenz
J_7	f	w	f	w	┌	Postnonpendenz
J_8	w	f	f	w	↔	Äquivalenz
J_9	f	w	w	f	≻≺	Kontravalenz
J_{10}	w	f	w	f	└	Postpendenz
J_{11}	w	w	f	f	┘	Präpendenz
J_{12}	f	f	f	w	↓	Rejektion
J_{13}	f	f	w	f	≺	Präsektion
J_{14}	f	w	f	f	≻	Postsektion
J_{15}	w	f	f	f	∧	Konjunktion
J_{16}	f	f	f	f	⊥	Antilogie

Unter diesen 16 Junktoren befinden sich 5 Aussagenverknüpfungen, die wir bereits kennen: Konjunktion (J_{15}), Disjunktion (J_5), Kontravalenz (J_9), Implikation (J_3) und Äquivalenz (J_8). Alle Junktoren lassen sich durch eine Kombination aus Negation, Konjunktion und Disjunktion darstellen:

$p \mid q = \neg p \vee \neg q$ = nicht zugleich p und q

$p \rightarrow q = \neg p \vee q$ = wenn p, dann q

$p \leftarrow q = p \vee \neg q$ = p nur dann, wenn q

$p \leftrightarrow q = (\neg p \vee q) \wedge (p \vee \neg q)$ = p genau dann, wenn q

$p \rightarrowtail\!\!\!\!\prec q = (\neg p \wedge q) \vee (p \wedge \neg q)$ = entweder p oder q

$p \downarrow q = \neg p \wedge \neg q$ = weder p noch q

$p \prec q = \neg p \wedge q$ = q ohne p

$p \succ q = p \wedge \neg q$ = p ohne q

Unter den 16 Junktoren sind 6 Entartungsfälle enthalten, die nicht von beiden Variablen abhängen: die Tautologie ($J_1 = p \vee \neg p$), Antilogie ($J_{16} = p \wedge \neg p$), Präpendenz ($J_{11} = p$), Postpendenz ($J_{10} = q$), Pränonpendenz ($J_6 = \neg p$) und die Postnonpendenz ($J_7 = \neg q$).

3. Gesetze der Aussagenlogik

3.1 Wahrheitstafeln

Jede komplexe Aussageform besteht aus elementaren Aussagen, die durch Junktoren miteinander verknüpft sind. Ludwig Wittgenstein nennt die einfachsten, nicht mehr weiter in Teilaussagen zerlegbaren Sätze *Elementarsätze*: „Der einfachste Satz, der Elementarsatz, behauptet das Bestehen eines Sachverhalts." (Tractatus 4.21) Ein Elementarsatz ist genau dann wahr, wenn der von ihm behauptete Sachverhalt besteht; der Elementarsatz ist falsch, wenn der Sachverhalt nicht besteht (Tractatus 4.25). Kennt man die Wahrheitswerte der Elementarsätze, kann man mit Hilfe von Wahrheitstafeln den Wahrheitswert des aus ihnen zusammengesetzten komplexen Satzes berechnen: „Der Satz ist eine Wahrheitsfunktion der Elementarsätze." (Tractatus 5.) Hierzu gibt man den Wahrheitswert der komplexen Aussage in Abhängigkeit der Wahrheitswerte der Aussagenvariablen an. Enthält eine Aussageform 2 Variable, so sind 4 Fälle möglich; bei 3 Variablen muss man 8 Fallunterscheidungen machen usw.

Beispiel: Wir stellen die Wahrheitstafel von $\neg p \wedge (q \rightarrow p)$ auf.

p	q	$\neg p$	$q \rightarrow p$	$\neg p \wedge (q \rightarrow p)$
w	w	f	w	f
w	f	f	w	f
f	w	w	f	f
f	f	w	w	w

Definition 1: Eine Aussageform heißt *Tautologie*, wenn sie für jede Belegung der Variablen mit Wahrheitswerten einen wahren Ausdruck liefert. Man sagt auch: Der Ausdruck ist *allgemeingültig* (tautologisch).

In der Wahrheitswertentwicklung des Ausdrucks, d.h. in der letzten Spalte der Wahrheitstafel, treten nur die Werte w auf. Tautologische Gesetze kennzeichnet man dadurch, dass man das Zeichen $\vdash$ davor setzt.

Beispiel: Man zeige, dass $((p \to q) \wedge p) \to q$ eine Tautologie ist.

p	q	$p \to q$	$(p \to q) \wedge p$	$((p \to q) \wedge p) \to q$
w	w	w	w	w
w	f	f	f	w
f	w	w	f	w
f	f	w	f	w

Die folgende Tabelle gibt einen Überblick über die wichtigsten Tautologien der Aussagenlogik:

$\vdash \quad p \vee \neg p$ Gesetz vom ausgeschlossenen Dritten

$\vdash \quad \neg(p \wedge \neg p)$ Satz vom Widerspruch

$\vdash \quad p \to p$

$\vdash \quad (\neg p \to p) \to p$

$\vdash \quad (p \wedge q) \to p$

$\vdash \quad p \to (p \vee q)$

$\vdash \quad p \to (q \to p)$ Paradoxie der Implikation

$\vdash \quad \neg p \to (p \to q)$ Paradoxie der Implikation

$\vdash \quad ((p \to q) \wedge p) \to q$ Modus ponens

$\vdash \quad ((p \to q) \wedge \neg q) \to \neg p$ Modus tollens

$\vdash \quad ((p \to q) \wedge (q \to r)) \to (p \to r)$ Kettenschluss

$\vdash \quad (p \to (p \to q)) \to (p \to q)$ Prämissenverschmelzung

$\vdash \quad (p \to (q \to r)) \to (q \to (p \to r))$ Prämissenvertauschung

$\vdash \quad (p \to q) \to ((r \wedge p) \to (r \wedge q))$

$\vdash \quad (p \to q) \to ((r \vee p) \to (r \vee q))$

Diese Gesetze bilden die Grundlage für logische Schlüsse, z.B. den Modus ponens oder den Kettenschluss. Zur Übung zeige man durch eine Wahrheitswertentwicklung, dass die obigen Ausdrücke allgemeingültig (d.h. tautologisch) sind.

Definition 2: Eine Aussageform heißt *Kontradiktion*, wenn sie für jede Belegung der Variablen mit Wahrheitswerten einen falschen Ausdruck liefert.

Beispiel: $p \wedge \neg p$ ist eine Kontradiktion.
Beachte: Wenn die Aussageform A eine Tautologie ist, dann ist $\neg A$ eine Kontradiktion und umgekehrt.

Definition 3: Zwei logische Ausdrücke α und β heißen logisch äquivalent (in Zeichen: $\alpha = \beta$ oder $\alpha \Leftrightarrow \beta$), wenn sie die gleiche Wahrheitswertentwicklung haben, oder gleichwertig dazu: α und β sind genau dann logisch äquivalent, wenn der Ausdruck $\alpha \leftrightarrow \beta$ eine Tautologie ist.

Beispiele für logisch äquivalente Ausdrücke:

$p \to q = \neg p \vee q$	
$p \to q = \neg q \to \neg p$	Gesetz der Kontraposition
$p \leftrightarrow q = (p \vee \neg q) \wedge (\neg p \vee q)$	
$p \rightarrowtail\!\!\!\!\prec q = (p \wedge \neg q) \vee (\neg p \wedge q)$	
$p \vee q = q \vee p$	Kommutativgesetz der Disjunktion
$p \wedge q = q \wedge p$	Kommutativgesetz der Konjunktion
$\neg(p \vee q) = \neg p \wedge \neg q$	1. De Morgansches Gesetz
$\neg(p \wedge q) = \neg p \vee \neg q$	2. De Morgansches Gesetz
$p = p \wedge (p \vee q)$	Verschmelzungsgesetz
$p = p \vee (p \wedge q)$	Verschmelzungsgesetz
$(p \vee q) \vee r = p \vee (q \vee r)$	Assoziativgesetz
$(p \wedge q) \wedge r = p \wedge (q \wedge r)$	Assoziativgesetz
$p \wedge (q \vee r) = (p \wedge q) \vee (p \wedge r)$	Distributivgesetz
$p \vee (q \wedge r) = (p \vee q) \wedge (p \vee r)$	Distributivgesetz
$(p \wedge q) \to r = p \to (q \to r)$	Exportationsgesetz

Da die obigen Gesetze immer paarweise auftreten und durch Vertauschung von $\wedge$ und $\vee$ auseinander hervorgehen, gilt das folgende *Dualitätsprinzip*: Alle logisch äquivalenten Aussageformen sind invariant unter Dualisierung. D.h. durch Vertauschung von $\wedge$ und $\vee$ bleibt der Wahrheitswert einer logischen Äquivalenz erhalten.

Analog zu $\Leftrightarrow$ führen wir den Doppelpfeil auch für die Implikation ein:

Definition 4: Man schreibt $\alpha \Rightarrow \beta$ genau dann, wenn $\alpha \to \beta$ eine Tautologie ist. Man sagt: Aus α folgt β. $\Rightarrow$ drückt eine logische Folgerung aus.

Beispiel: $(p \wedge q) \Rightarrow p$

$\Leftrightarrow$ und $\Rightarrow$ sind metasprachliche Ausdrücke, die etwas über die Wahrheit bzw. Gültigkeit logischer Ausdrücke aussagen. Anstatt $\Rightarrow$ verwendet man manchmal auch das Symbol $\vdash$. Es deutet einen logischen Schluss an: Links vom Folgerungssymbol $\vdash$ stehen die Prämissen, rechts die Konklusion.

Ein logisches *Theorem* hängt von keinen Prämissen ab; die Prämissenmenge ist leer. $\vdash$ A heißt daher: A ist ein logisches Theorem (bzw. eine Tautologie). (In der Aussagenlogik sind alle Tautologien Theoreme und umgekehrt.)

Eine Bemerkung zu *Klammerregeln*: In der Mathematik lässt man bei Multiplikationen Klammern weg, weil man vereinbart, dass eine Multiplikation die Variablen stärker bindet als eine Addition („Punkt- vor Strichrechnung"). Man schreibt also z.B. $x^2 - 2xy + y^2$ anstatt $x^2 - (2xy) + y^2$. Ebenso definiert man in der Logik Regeln zum Weglassen von Klammern. Man sagt: $\neg$ bindet stärker als $\wedge$, $\wedge$ bindet stärker als $\vee$, $\vee$ bindet stärker als $\rightarrow$, $\rightarrow$ bindet stärker als $\leftrightarrow$. Damit lassen sich die Junktoren in der Reihenfolge abnehmender Bindungsstärke anordnen: $\neg$, $\wedge$, $\vee$, $\rightarrow$, $\leftrightarrow$.

3.2 Die Methode des indirekten Beweises

Logische Schlüsse haben die Form $\alpha \Rightarrow \beta$. Eine Möglichkeit, die Allgemeingültigkeit logischer Schlüsse zu beweisen besteht in der Wahrheitswertentwicklung: Man zeigt, dass der Ausdruck $\alpha \rightarrow \beta$ für jede Belegung der Variablen mit Wahrheitswerten wahr wird, d.h. in der Wahrheitstafel darf in der Spalte von $\alpha \rightarrow \beta$ kein „f" vorkommen. Aber es gibt noch ein anderes, einfacheres Verfahren, die Allgemeingültigkeit von Ausdrücken der Form $\alpha \rightarrow \beta$ zu beweisen. Man nimmt einfach einmal probeweise an, die zu beweisende Formel $\alpha \rightarrow \beta$ sei falsch und analysiert unter dieser Voraussetzung die Teilausdrücke bis man einen Widerspruch entdeckt. Dieser Widerspruch führt dazu, dass man die Anfangshypothese verwerfen muss, also muss $\alpha \rightarrow \beta$ wahr sein. Damit ist die Allgemeingültigkeit von $\alpha \rightarrow \beta$ bewiesen.

Ein wichtiger Schritt in dieser Analyse ist der Schluss von der Falschheit der Implikation auf die Wahrheitswerte der Teilsätze.

$I(\alpha \to \beta) = F$ soll heißen: Es gibt eine Interpretation I (= Variablenbelegung), für die $\alpha \to \beta$ falsch wird, d.h. wir nehmen an, $\alpha \to \beta$ sei falsch. Aus der Wahrheitstafel der Implikation folgt dann, dass unter diesen Umständen α wahr und β falsch sein muss. Das heißt, aus $I(\alpha \to \beta) = F$ folgt: $I(\alpha) = W$ und $I(\beta) = F$.

Beispiele:

a) Man zeige, dass $p \to p \vee q$ allgemeingültig ist.

Beweis: Wir nehmen an, $p \to p \vee q$ sei falsch. Aus $I(p \to p \vee q) = F$ folgt: $I(p) = W$ und $I(p \vee q) = F$. Aus $I(p \vee q) = F$ folgt: $I(p) = F$ und $I(q) = F$. Hierin liegt ein Widerspruch: p kann nicht zugleich wahr und falsch sein. Daraus folgt, dass unsere Annahme falsch sein muss. Also ist $p \to p \vee q$ allgemeingültig.

b) Wir zeigen: $\vdash \ (p \to q) \wedge (q \to r) \to (p \to r)$
Beweis: Annahme: $I((p \to q) \wedge (q \to r) \to (p \to r)) = F$
$\Rightarrow \ I((p \to q) \wedge (q \to r)) = W \ \wedge \ I(p \to r) = F$
$\Rightarrow \ I(p \to q) = W \ \wedge \ I(q \to r) = W \ \wedge \ I(p) = W \ \wedge \ I(r) = F$
Aus $I(p \to q) = W$ und $I(p) = W$ folgt: $I(q) = W$. Ebenso gilt: Aus $I(q \to r) = W$ und $I(r) = F$ folgt: $I(q) = F$. Dies ist ein Widerspruch! Daher ist $(p \to q) \wedge (q \to r) \to (p \to r)$ allgemeingültig.

3.3 Vereinfachung komplexer Ausdrücke

Die in Kap. 3.1 aufgelisteten Gesetze können dazu verwendet werden, aussagenlogische Ausdrücke zu vereinfachen. Dies soll an den folgenden drei Beispielen demonstriert werden:

1.) $(p \wedge q) \vee (p \wedge \neg q)$
$= p \wedge (q \vee \neg q)$ — Distributivgesetz
$= p$, weil der Ausdruck $(q \vee \neg q)$ immer wahr ist.

2.) $p \wedge r \wedge (q \vee p)$
$= r \wedge p \wedge (p \vee q)$ — Kommutativgesetz
$= r \wedge p$ — Verschmelzungsgesetz

3.) $(p \wedge (\neg p \vee q)) \vee (q \wedge (q \vee r))$
$= ((p \wedge \neg p) \vee (p \wedge q)) \vee q$ Distributiv- und Verschmelzungsgesetz
$= (p \wedge q) \vee q$ da $(p \wedge \neg p)$ immer falsch ist
$= q$ Verschmelzungsgesetz

Wenn man eine Aussageform α disjunktiv mit einer falschen Aussage F verknüpft, ergibt sich α. Dies folgt aus der Wahrheitstafel der Disjunktion. Es gilt:

$$\alpha \vee F = \alpha, \quad \alpha \vee W = W, \quad \alpha \wedge W = \alpha, \quad \alpha \wedge F = F.$$

Man kann jeden aussagenlogischen Ausdruck so umformen, dass nur noch die logischen Zeichen $\{\neg, \vee, \wedge\}$ darin vorkommen. Man ersetzt jeden Junktor durch Konjunktionen oder Disjunktionen, zum *Beispiel*: $p \rightarrow q = \neg p \vee q$,
$p \leftrightarrow q = (p \rightarrow q) \wedge (q \rightarrow p) = (\neg p \vee q) \wedge (p \vee \neg q)$,
$p \succ\!\prec q = (\neg p \wedge q) \vee (p \wedge \neg q)$, ... usw.

Beispiel: Man zeige, dass $(p \wedge (p \rightarrow q)) \rightarrow q$ ein allgemeingültiges Gesetz ist.
Lösung: Man drückt sukzessiv jede Implikation durch eine Disjunktion aus: $(p \wedge (p \rightarrow q)) \rightarrow q = \neg(p \wedge (p \rightarrow q)) \vee q$
$= \neg p \vee \neg(p \rightarrow q) \vee q = \neg p \vee (p \wedge \neg q) \vee q$
$= (p \wedge \neg q) \vee (\neg p \vee q) = (p \wedge \neg q) \vee \neg(p \wedge \neg q)$
Dieser Ausdruck hat die Form $\alpha \vee \neg\alpha$ und ist daher immer wahr.

3.4 Konjunktive und disjunktive Normalformen

Definition: 1. Eine Aussageform, die nur aus einer Variablen oder deren Negation besteht, nennt man *Literal*.
2. Ein Ausdruck der Form $A_1 \wedge A_2 \wedge \ldots \wedge A_n$, wobei $A_i = a_1 \vee a_2 \vee \ldots \vee a_k$ und jedes a_j ein Literal ist, nennt man eine *konjunktive Normalform* (KNF). Eine konjunktive Normalform ist eine Konjunktion, deren einzelne Glieder Disjunktionen von Literalen sind.
3. Analog: $A_1 \vee A_2 \vee \ldots \vee A_n$, wobei $A_i = a_1 \wedge a_2 \wedge \ldots \wedge a_k$ und jedes a_j ein Literal ist, heißt *disjunktive Normalform* (DNF). Hierbei handelt es sich um eine Disjunktion, deren einzelne Glieder Konjunktionen von Literalen sind.

Beispiele: $(\neg p \vee q) \wedge (p \vee \neg q)$ ist eine KNF (Äquivalenz).
$(\neg p \wedge q) \vee (p \wedge \neg q)$ ist eine DNF (Kontravalenz).

Als weiteres *Beispiel* betrachten wir die Implikation $p \rightarrow q$. Wie sieht die konjunktive und disjunktive Normalform der Implikation aus? $p \rightarrow q$ ist äquivalent zu $\neg p \vee q$. Die Disjunktion $\neg p \vee q$ ist aber keine disjunktive, sondern eine konjunktive Normalform. Der Term besteht aus einem einzigen Konjunktionsglied, das die Form einer Disjunktion hat, und erfüllt somit die Definition der KNF. Um diesen Ausdruck in eine DNF umzuwandeln, müssen wir die einzelnen Disjunktionsglieder zu Konjunktionen ergänzen:
$\neg p \vee q = (\neg p \wedge W) \vee (W \wedge q) = (\neg p \wedge (q \vee \neg q)) \vee ((p \vee \neg p) \wedge q)$
$= (\neg p \wedge q) \vee (\neg p \wedge \neg q) \vee (p \wedge q) \vee (\neg p \wedge q)$
$= (p \wedge q) \vee (\neg p \wedge q) \vee (\neg p \wedge \neg q)$. Das ist die DNF von $p \rightarrow q$.

Man kann jeden aussagenlogischen Ausdruck durch Äquivalenzumformungen eindeutig auf eine konjunktive oder disjunktive Normalform transformieren. Der Beweis wird hier für die disjunktive Normalform vorgeführt. Für die KNF verläuft der Beweis analog.

A sei ein beliebiger aussagenlogischer Ausdruck, der von n Variablen $x_1, x_2, \ldots, x_n$ abhängt: $A = f(x_1, \ldots, x_n)$. Dieser Term besitzt eine Wahrheitstafel. Alle anderen Terme mit derselben Wahrheitstafel sind zu A logisch äquivalent. Zu zeigen ist, dass es genau eine DNF gibt, die zu A äquivalent ist, d.h. dieselbe Wahrheitstafel besitzt. Zur Konstruktion der DNF geht man folgendermaßen vor:
1. Man sucht in der Wahrheitstafel alle Zeilen, die in der letzten Spalte den Wahrheitswert „w" haben. Eine dieser Spalten sieht z.B. so aus:

x_1	x_2	x_3	x_4	$A = f(x_1, x_2, x_3, x_4)$
w	f	f	w	w

Der Ausdruck A ist offenbar wahr, wenn $x_1 \wedge \neg x_2 \wedge \neg x_3 \wedge x_4$ wahr ist.
2. Ebenso kann man alle anderen Zeilen mit dem Wahrheitswert „w" behandeln. Es wird jeweils die Konjunktion aller Variablen gebildet, wobei die Variablen mit dem Wahrheitswert „f" negiert werden.
3. Man verbindet alle diese Ausdrücke durch eine Disjunktion. Auf diese Weise entsteht eine disjunktive Normalform, die zu dem Ausdruck A logisch äquivalent ist.

Dieses Verfahren soll noch einmal an einem Beispiel erläutert werden.

1. Beispiel: $f(p,q,r)$ sei eine dreistellige Aussagenverknüpfung. Gegeben sei die Wahrheitstafel von $f(p,q,r)$:

p	q	r	f(p,q,r)
w	w	w	f
w	w	f	f
w	f	w	f
w	f	f	w
f	w	w	f
f	w	f	w
f	f	w	w
f	f	f	f

a) Man stelle $f(p,q,r)$ als DNF dar.
b) Wie kann man $f(p,q,r)$ umgangssprachlich ausdrücken?

Lösung: a) $f(p,q,r)$ ist genau dann wahr, wenn einer der drei Fälle erfüllt ist:
1. Fall: $I(p)=W \wedge I(q)=F \wedge I(r)=F \Leftrightarrow I(p\wedge\neg q\wedge\neg r)=W$
2. Fall: $I(p)=F \wedge I(q)=W \wedge I(r)=F \Leftrightarrow I(\neg p\wedge q\wedge\neg r)=W$
3. Fall: $I(p)=F \wedge I(q)=F \wedge I(r)=W \Leftrightarrow I(\neg p\wedge\neg q\wedge r)=W$
$f(p,q,r)$ ist genau dann wahr, wenn der Ausdruck $(p \wedge \neg q \wedge \neg r) \vee (\neg p \wedge q \wedge \neg r) \vee (\neg p \wedge \neg q \wedge r)$ wahr ist. Daraus folgt:
$f(p,q,r) = (p \wedge \neg q \wedge \neg r) \vee (\neg p \wedge q \wedge \neg r) \vee (\neg p \wedge \neg q \wedge r)$.

b) Umgangssprachlich heißt dies: „entweder p oder q oder r“.

2. Beispiel: Man transformiere die folgende Aussageform auf DNF:
$g(p,q,r) = (p \wedge \neg r) \vee (p \wedge (q \vee r))$.
Lösung: $g(p,q,r) = (p \wedge \neg r) \vee (p \wedge (q \vee r))$
$= (p \wedge \neg r) \vee (p \wedge q) \vee (p \wedge r)$
$= (p \wedge \neg r \wedge (q \vee \neg q)) \vee (p \wedge q \wedge (r \vee \neg r)) \vee (p \wedge r \wedge (q \vee \neg q))$
$= (p \wedge q \wedge \neg r) \vee (p \wedge \neg q \wedge \neg r) \vee (p \wedge q \wedge r) \vee (p \wedge q \wedge \neg r)$
$\vee (p \wedge q \wedge r) \vee (p \wedge \neg q \wedge r)$

$= (p \wedge q \wedge \neg r) \vee (p \wedge \neg q \wedge \neg r) \vee (p \wedge q \wedge r) \vee (p \wedge \neg q \wedge r)$

3. Beispiel: Ein Gast stellt an einen Wirt die folgenden Forderungen: Ich esse Kartoffeln oder Nudeln, aber nicht beides zusammen; wenn ich Kartoffeln esse, dann esse ich kein Brot; wenn ich Brot oder keine Kartoffeln esse, dann esse ich keine Nudeln. Was soll der Wirt dem Gast sinnvollerweise servieren?
Lösung: Wir verwenden bei der Formulierung der Forderungen folgende Abkürzungen: b = Der Gast isst Brot, k= Der Gast isst Kartoffeln, n = Der Gast isst Nudeln. Die Prämissen lauten dann:
1. $k \succ\!\!\prec n$, 2. $k \rightarrow \neg b$, 3. $(b \vee \neg k) \rightarrow \neg n$.
Als nächstes formen wir die Prämissen so um, dass nur noch die Negation, Konjunktion und Disjunktion vorkommen:
1. $k \succ\!\!\prec n \;=\; (\neg k \wedge n) \vee (k \wedge \neg n) \;=\; (k \vee n) \wedge (\neg k \vee \neg n)$
2. $k \rightarrow \neg b \;=\; \neg k \vee \neg b$
3. $(b \vee \neg k) \rightarrow \neg n \;=\; (\neg b \wedge k) \vee \neg n \;=\; (\neg b \vee \neg n) \wedge (k \vee \neg n)$
Nun verbinden wir die drei Prämissen durch Konjunktion und reduzieren die gesamte Aussage auf eine möglichst einfache Form.
$f(b,k,n) = (k \vee n) \wedge (\neg k \vee \neg n) \wedge (\neg k \vee \neg b) \wedge (\neg b \vee \neg n)$
$\wedge (k \vee \neg n)$
$= (k \vee (n \wedge \neg n)) \wedge (\neg k \vee \neg n) \wedge (\neg k \vee \neg b) \wedge (\neg b \vee \neg n)$
$= k \wedge (\neg k \vee (\neg b \wedge \neg n)) \wedge (\neg b \vee \neg n)$
$= ((k \wedge \neg k) \vee (k \wedge \neg b \wedge \neg n)) \wedge (\neg b \vee \neg n)$
$= (k \wedge \neg b \wedge \neg n) \wedge (\neg b \vee \neg n)$
$= (k \wedge \neg b \wedge \neg n \wedge \neg b) \vee (k \wedge \neg b \wedge \neg n \wedge \neg n) \;=\; (k \wedge \neg b \wedge \neg n)$
Die Aussage ist genau dann wahr, wenn k wahr, b falsch und n falsch ist. Der Wirt wird also nur Kartoffeln servieren.

3.5 Junktorenbasen

Wir haben gesehen, dass man jeden aussagenlogischen Ausdruck allein unter Verwendung der drei Junktoren $\{\neg, \wedge, \vee\}$ darstellen kann. Man sagt daher, dass die Junktorenmenge $\{\neg, \wedge, \vee\}$ funktional vollständig ist.
Definition: Die Junktorenmenge $\{J_1, J_2, \ldots., J_n\}$ heißt *funktional vollständig*, wenn sich jede Aussageform allein unter Verwendung dieser Junktoren darstellen lässt.

Wir sind natürlich daran interessiert, in der Aussagenlogik mit möglichst wenig Junktoren auszukommen, d.h. wir wollen die funktional vollständige Menge $\{\neg, \wedge, \vee\}$ noch weiter reduzieren. Tatsächlich kann man mit Hilfe des Gesetzes von de Morgan einen der Junktoren $\wedge$ oder $\vee$ aus der Menge eliminieren ohne dass die funktionale Vollständigkeit verloren geht:

$$p \wedge q = \neg(\neg p \vee \neg q)\,, \qquad p \vee q = \neg(\neg p \wedge \neg q)\,.$$

Die Junktoren $\{\neg, \wedge, \vee\}$ sind daher *funktional abhängig*, weil man einen der Junktoren (z.B. $\vee$) durch die anderen Junktoren ($\neg$ und $\wedge$) ausrücken kann. Man kann jede Aussageform A, in der die Junktoren $\{\neg, \wedge, \vee\}$ vorkommen, in eine äquivalente Aussageform B umformen, so dass in B nur noch zwei der Junktoren vorkommen. Die Junktoren $\neg$ und $\wedge$ sind dagegen *funktional unabhängig*, da man keinen der Junktoren durch den anderen ausdrücken kann. Die Reduktion der Junktoren ist damit abgeschlossen. $\{\neg, \wedge\}$ und $\{\neg, \vee\}$ bilden zwei funktional vollständige Mengen unabhängiger Junktoren. D.h. man kann alle 16 Junktoren formal durch zwei Verknüpfungen darstellen, nämlich Negation und Disjunktion bzw. Negation und Konjunktion. Man sagt auch: $\{\neg, \vee\}$ und $\{\neg, \wedge\}$ bilden eine *Junktorenbasis* oder Verknüpfungsbasis. Bedingung für eine Junktorenbasis ist 1. die funktionale Vollständigkeit und 2. die funktionale Unabhängigkeit der Junktoren.

Man kann sich überlegen, ob es auch noch andere Junktorenbasen gibt. Wir zeigen, dass auch $\{\neg, \rightarrow\}$ eine Junktorenbasis bildet.
Beweis: Man drückt die anderen Junktoren durch $\neg$ und $\rightarrow$ aus:

$$p \vee q = \neg p \rightarrow q\,, \quad p \wedge q = \neg(\neg p \vee \neg q) = \neg(p \rightarrow \neg q)\,,$$
$$p \leftrightarrow q = (p \rightarrow q) \wedge (q \rightarrow p) = \neg((p \rightarrow q) \rightarrow \neg(q \rightarrow p))\,,$$
$$p \succ\!\prec q = \neg(p \leftrightarrow q) = \; \ldots \; \text{usw.}$$

In der neuen Junktorenbasis $\{\neg, \rightarrow\}$ hat z.B. das Gesetz vom ausgeschlossenen Dritten ($p \vee \neg p$) die Form $p \rightarrow p$. Denn es gilt: $p \vee \neg p = p \rightarrow p$.

Es stellt sich die Frage, ob es auch eine Basis mit nur *einem* Junktor gibt. Die Antwort lautet: ja. Mit dem Sheffer-Strich | (Exklusion) kann man alle anderen Junktoren darstellen. $\{\,|\,\}$ stellt eine Verknüpfungsbasis dar.
Beweis: Die Wahrheitstafel von | sieht so aus:

p	q	p | q
w	w	f
w	f	w
f	w	w
f	f	w

1. Mit Hilfe der Wahrheitstafel kann man beweisen: $\neg p = p \mid p$.
2. Ebenso gilt: $p \vee q = \neg p \mid \neg q$. Diese Äquivalenz kann man ebenfalls durch die Wahrheitstafel verifizieren. Daraus folgt: $p \vee q = (p \mid p) \mid (q \mid q)$.
3. $p \wedge q = \neg(\neg p \vee \neg q) = \neg(p \mid q) = (p \mid q) \mid (p \mid q)$
4. $p \rightarrow q = \neg p \vee q = p \mid \neg q = p \mid (q \mid q)$
5. $p \leftrightarrow q = (p \mid q) \mid ((p \mid p) \mid (q \mid q))$
6. $p \rightarrowtail\!\!\!\!\prec q = (p \mid (q \mid q)) \mid (q \mid (p \mid p))$

Auch die Tautologie und Antilogie lassen sich durch den Sheffer-Strich darstellen. Die Tautologie hat die Form $a \mid (a \mid a)$ und die Antilogie ist die Negation davon: $(a \mid (a \mid a)) \mid (a \mid (a \mid a))$.

Damit ist der Beweis abgeschlossen. Es genügt zu zeigen, dass sich die Junktoren einer Verknüpfungsbasis, z.B. $\{\neg, \vee\}$, durch den Sheffer-Strich | ausdrücken lassen. Damit ist die funktionale Vollständigkeit bewiesen.

Übrigens ist der Sheffer-Strich nicht der einzige Junktor mit der gewünschten Eigenschaft. Auch die Rejektion ↓ stellt eine Junktorenbasis dar. Für sie gilt:

1. $\neg p = p \downarrow p$
2. $p \wedge q = (p \downarrow p) \downarrow (q \downarrow q)$
3. $p \vee q = (p \downarrow q) \downarrow (p \downarrow q)$
4. $p \rightarrow q = ((p \downarrow p) \downarrow q) \downarrow ((p \downarrow p) \downarrow q)$

In der Booleschen Algebra nennt man den Sheffer-Strich | auch die NAND-Verknüpfung („not and“) und die Rejektion ↓ die NOR-Verknüpfung („not or“). Denn es gilt:

$p \mid q = \neg(p \wedge q)$ = not (p and q), dafür schreibt man $p \overline{\wedge}\, q$.

$p \downarrow q = \neg(p \vee q)$ = not (p or q), dafür schreibt man $p \overline{\vee}\, q$.

4. Logisches Schließen

4.1 Induktive und deduktive Schlüsse

Ein Schluss ist der Übergang von einer (endlichen) Menge von Aussagen (*Prämissen*) zu einer anderen Aussage (*Konklusion*), so dass man sagen kann, die Konklusion werde aus den Prämissen gefolgert. Schematisch:

Prämissen:	p_1
	p_2
	…
	p_n
Konklusion:	q

Man trennt die Voraussetzungen (Prämissen) und die Folgerung (Konklusion) durch einen waagerechten Strich. Aus der Prämissenmenge $\{p_1, p_2, \ldots, p_n\}$ folgt q.

Allgemein unterscheidet man zwischen induktiven und deduktiven Schlüssen. *Induktive Schlüsse* sind Schlüsse vom Besonderen (Einzelfälle) aufs Allgemeine. Sie sind informationserweiternd. Jede Hypothesenbildung geschieht mit Hilfe eines induktiven Schlusses. Zum *Beispiel*: Man schließt aus der Beobachtung mehrerer schwarzer Raben auf die Regel „Alle Raben sind schwarz". Die Konklusion („Alle Raben sind schwarz") folgt aus den Prämissen („Einzelne Raben sind schwarz") nicht mit logischer Notwendigkeit, sondern nur mit einer gewissen Wahrscheinlichkeit. Induktive Schlüsse sind Wahrscheinlichkeitsschlüsse.

Induktive Schlüsse kommen in zwei Varianten vor:

a) Induktiver Schluss als *Prognose*: Schluss von n beobachteten Ereignissen auf das nächstfolgende Ereignis

a_1 ist F, a_2 ist F, …., a_n ist F $\rightarrow$ Hypothese: a_{n+1} ist F

Beispiel: Bisher ging jeden Morgen die Sonne im Osten auf. Also wird auch morgen früh die Sonne im Osten aufgehen.

b) Induktiver Schluss als *Verallgemeinerung*: Schluss von n beobachteten Ereignissen auf eine zugrunde liegende Regel

a_1 ist F, a_2 ist F, …., a_n ist F $\rightarrow$ Hypothese: Alle x sind F.

Beispiel: Kupfer leitet Strom, Eisen leitet Strom, Silber leitet Strom usw. Folgerung: Alle Metalle sind elektrisch leitend.

Nach David Hume beruhen alle induktiven Schlüsse auf der psychologischen Erwartungshaltung, dass der Lauf der Natur gewissen Regeln folgt oder dass die Zukunft der Vergangenheit ähnlich ist: „Alle Folgerungen aus der Erfahrung setzen als ihre Grundlage voraus, dass die Zukunft der Vergangenheit ähnlich sei." (Hume, S. 56) Diese Annahme (auch Uniformitätsprinzip genannt) ist in der menschlichen Erfahrung, der Lebenspraxis und Gewohnheit der Menschen begründet. „Alle Erfahrungsschlüsse sind somit Folgen der Gewohnheit, nicht der Vernunft." (Hume, S. 63) Die Induktion kann daher nicht logisch, sondern nur psychologisch gerechtfertigt werden. Trotzdem ist sie ein unentbehrliches Instrument wissenschaftlicher Hypothesenbildung.

Deduktive Schlüsse dagegen sind Schlüsse vom Allgemeinen aufs Besondere. Sie sind informationserhaltend. Mit der Konklusion kommt keine neue Information hinzu, die nicht schon in den Prämissen enthalten wäre. Deduktive Schlüsse sind logisch zwingend; sie gelten mit strikter Notwendigkeit und absoluter Gewissheit. Man sagt auch: Deduktive Schlüsse sind Vernunftschlüsse im Gegensatz zu induktiven Schlüssen, die lediglich auf Erfahrung beruhen. Alle mathematischen Beweise beruhen auf deduktiven Schlüssen: Mathematische Sätze werden deduktiv aus Axiomen abgeleitet.

Ein deduktiver Schluss stellt den Zusammenhang zwischen den Prämissen $p_1, p_2, \ldots, p_n$ und der Konklusion q in Form einer logischen Implikation dar: „Wenn die Prämissen p_1, p_2, p_3 usw. erfüllt sind, dann gilt q." Formal: $p_1 \wedge p_2 \wedge \ldots. \wedge p_n \rightarrow q$. Der Schluss ist genau dann gültig, wenn diese Aussageform eine Tautologie ist. D.h. $p_1 \wedge p_2 \wedge \ldots. \wedge p_n \Rightarrow q$. Andere Schreibweise: $p_1, p_2, \ldots, p_n \vdash q$.

Die Gültigkeit eines deduktiven Schlusses beruht nicht auf der Wahrheit seiner gedanklichen Inhalte, sondern sie hängt einzig und allein von der formalen Struktur des Schlusses ab. Zum Beispiel ist der bekannte Schluss

Alle Menschen sind sterblich.
Sokrates ist ein Mensch.

Sokrates ist sterblich.

unabhängig von seinem Inhalt formal richtig, weil er auf einem allgemeingültigen Schlussprinzip beruht, das die Form hat

Alle S sind P.
x ist ein S.
―――――――――
x ist ein P.

Für die Variablen S (Subjekt), P (Prädikat) und x (Individuum) können wir beliebige Namen einsetzen - sofern daraus ein grammatisch sinnvoller Satz entsteht - und erhalten so einen gültigen Schluss: z.B. S = Mensch, P = sterblich, x = Sokrates. Setzen wir andere Namen ein: S = vollkommenes Wesen, P = existieren, x = Gott, so erhalten wir den (ebenfalls gültigen) Schluss

Alles, was vollkommen ist, existiert.
Gott ist vollkommen.
―――――――――
Gott existiert.

Dies ist - grob vereinfacht - der ontologische Gottesbeweis von Anselm von Canterbury.

Setzen wir eine falsche Prämisse ein, dann kann die Konklusion, trotz der formalen Richtigkeit des Schlussschemas, falsch werden. Ein logischer Schluss ist also nur dann sinnvoll, wenn *alle* Prämissen wahr sind. Unter dieser Voraussetzung garantiert die Logik, dass auch die Konklusion eine wahre Aussage ist. Ein korrekter logischer Schluss überträgt die Wahrheit von den Prämissen auf die Konklusion. Man kann auch sagen: ein deduktiver Schluss ist wahrheitserhaltend. In der Logik beschäftigt man sich ausschließlich mit deduktiven Schlüssen, weil es für sie Regeln gibt. Für induktives Schließen gibt es keine verbindlichen logischen Regeln.

4.2 Wichtige Schlussregeln

Im Folgenden werden die wichtigsten Regeln für das deduktive Schließen vorgestellt.

1. *Modus ponens* (MP)

Wenn A, dann B.	$A \to B$
Es gilt A.	A
―――――――――	―――――
Also folgt: B.	B

Dieser Schluss ist richtig, weil $(p \to q) \wedge p \to q$ eine Tautologie ist.

Dies hatten wir in Kap. 3 bewiesen. Beispiele für den Modus ponens sind die Schlüsse

a) Wenn es regnet, ist die Straße nass. Es regnet.
Also ist die Straße nass.

b) Wenn es brennt, dann kommt die Feuerwehr. Es brennt.
Also kommt die Feuerwehr.

Die erste Prämisse („Wenn A, dann B") hat die Form einer allgemeinen Regel. Zum Beispiel kann sie einen Ursache-Wirkungs-Zusammenhang beschreiben: Jede Ursache U hat eine bestimmte Wirkung W zur Folge (Wenn U, dann W). Dieser Zusammenhang soll überall und zu allen Zeiten gelten. Die zweite Prämisse stellt dagegen das Vorhandensein der Ursache U fest und beschreibt damit ein kontingentes, räumlich und zeitlich fixiertes Ereignis: hier und jetzt beobachte ich U. Der Modus ponens führt zu der Voraussage, dass wir unter diesen Umständen eine entsprechende Wirkung W beobachten werden.

1.Prämisse:	Gesetz (Ursache-Wirkungs-Zusammenhang)
2.Prämisse:	Anfangsbedingung (U)
Konklusion:	Prognose (W)

Falsch wird der Schluss dann, wenn versucht wird, von einer gegebenen Wirkung W auf eine bestimmte Ursache U zurückzuschließen, wie das folgende *Beispiel* zeigt:

Wenn Martina Malaria hat, dann hat sie Fieber.	$p \rightarrow q$
Sie hat Fieber.	q
Folglich hat sie Malaria.	p

Dieser Schluss ist nicht allgemeingültig. Denn das Fieber kann auch durch eine andere Krankheit hervorgerufen werden (z.B. Grippe).

Ebenso ist es falsch, den Satz „Wenn es regnet, ist die Straße nass" umzukehren. Wenn die Straße nass ist, dann muss es nicht geregnet haben: Die Straße könnte z.B. auch deshalb nass sein, weil vorher ein Straßenreinigungsfahrzeug vorbeigefahren ist und die Straße abgespritzt hat.

Wir sehen also: Wenn mehrere Ursachen die gleiche Wirkung hervorrufen, darf man die Implikationsbeziehung $U \rightarrow W$ nicht umkehren. Der Modus ponens schließt nur in eine Richtung. Die Umkehrung kann man nur mit Hilfe der Negation erreichen.

2. *Modus tollens* (MT)

Wenn A, dann B.	$A \rightarrow B$
Es gilt: Nicht-B.	$\neg B$
Also folgt: Nicht-A.	$\neg A$

Oder anders geschrieben: $((A \rightarrow B) \wedge \neg B) \Rightarrow \neg A$.

Beispiele:

a) Wenn es regnet, dann ist die Straße nass.
Die Straße ist nicht nass.
Also regnet es nicht.

b) Wenn der Determinismus zutrifft, dann besitzt der Mensch keinen freien Willen.
Aber der Mensch besitzt einen freien Willen.
Daher kann der Determinismus nicht zutreffen.

c) Wenn Gott gütig ist, dann erschuf er die Welt ohne das Böse.
Die Welt ist aber nicht frei vom Bösen.
Daher ist Gott nicht gütig.

Falsch wäre z.B. der folgende „Detektivschluss“: „Wenn es diese Nacht geregnet hat, dann sind die Spuren verwischt worden. Es hat aber diese Nacht nicht geregnet. Folglich sind die Spuren nicht verwischt worden.“ Formal:

$$\frac{\begin{array}{l} A \rightarrow B \\ \neg A \end{array}}{\neg B}$$

Dieser Schluss ist falsch, denn die Spuren könnten auch aus einem anderen Grund verwischt worden sein. Der Schluss ist falsch, weil auch hier – wie bei dem Malariabeispiel – verschiedene Ursachen die gleiche Wirkung hervorrufen können.

An einem anderen *Beispiel* wird dies deutlicher: „Wenn ich jetzt die Kreide fallen lassen, dann geht sie kaputt.“ Was passiert, wenn ich die Kreide nicht fallen lasse? Geht sie dann nicht kaputt? Irrtum! Das Kaputtgehen der Kreide kann verschiedene Ursachen haben: Sie könnte fallengelassen worden sein (U_1), sie könnte in der Hand zerbrochen worden sein (U_2), sie könnte von alleine zerbröseln, weil sie spröde ist (U_3) oder sie könnte, durch einen Stein, der auf sie fallen gelassen wurde, zerschmettert worden sein (U_4). Alle diese Ursachen haben die gleiche Wirkung W: Kreide kaputt. Die Prämisse des

Schlusses hat die Form $U_1 \rightarrow W$ (Wenn U_1, dann W). Steht fest, dass die Ursache U_1 nicht eintritt (die Kreide wird nicht fallen gelassen), dann kann die Wirkung W trotzdem noch eintreten - eben dadurch, dass sie von einer anderen Ursache (U_2, U_3, U_4, ...) bewirkt wird. D.h. aus $\neg U_1$ folgt nicht zwingend $\neg W$!

In der Wissenschaftstheorie spielen logische Schlüsse eine wichtige Rolle. Will man z.B. die Richtigkeit einer Hypothese H testen, so leitet man aus H eine Voraussage V ab und prüft, ob die Voraussage eintritt oder nicht. Ein Hypothesentest hat somit die Form einer logischen Implikation: $H \rightarrow V$ („Aus H folgt V"). Nun wissen wir aber, dass aus der Wahrheit von V (positiver Testausgang) nicht auf die Wahrheit von H geschlossen werden kann. D.h. durch eine richtige Voraussage kann eine Hypothese nicht bewiesen werden. Auch wenn man aus der Hypothese H mehrere, logisch unabhängige Voraussagen ableiten würde und alle Voraussagen bestätigt würden, würde die Richtigkeit der Hypothese zwar wahrscheinlicher werden, aber es wäre immer noch kein logisch zwingender Beweis für die Richtigkeit von H. Daraus folgt, dass wissenschaftliche Hypothesen durch mehrmalige Tests zwar bestätigt, jedoch niemals endgültig bewiesen werden können. Die Erfahrung kann immer nur Evidenzen in Form von Beobachtungsdaten liefern, aber sie liefert keine Gewissheit.

Gilt dasselbe auch für die Widerlegung von Hypothesen? Hier scheint der Modus tollens ein wirksames Mittel zur *Falsifikation* von Hypothesen darzustellen. Kann bei einem Hypothesentest die Voraussage V nicht bestätigt werden, gilt also $\neg V$, dann kann mit dem Modus tollens auf $\neg H$ geschlossen werden. Aus der Falschheit von V folgt logisch zwingend die Falschheit von H:

$$\begin{array}{l} H \rightarrow V \\ \neg V \\ \hline \neg H \end{array}$$

Dies ist die klassische Vorstellung von einem falsifizierenden Hypothesentest. Die Wirklichkeit sieht jedoch komplizierter aus: Denn die Voraussage V kann in den seltensten Fällen direkt aus der Hypothese H abgeleitet werden. In der Praxis muss man neben der Hypothese H noch eine ganze Reihe von Hilfsannahmen (Randbedingungen) A_1, A_2, ..., A_n berücksichtigen ohne die der Schluss auf V nicht gerechtfertigt werden könnte. Schließlich wird die Voraussage V aus einer ganzen Theorie abgeleitet und nicht aus einer einzelnen Hypothese.

Fällt der Testausgang negativ aus ($\neg V$), so wird damit nicht nur die strittige Hypothese H falsifiziert, „sondern das ganze theoretische Gerüst, von dem der Physiker Gebrauch gemacht hat“ (Duhem, S. 245). Der Falsifikationsschluss sieht so aus:

$$\frac{\begin{array}{r} H \wedge A_1 \wedge A_2 \wedge \ldots. \wedge A_n \rightarrow V \\ \neg V \end{array}}{\neg(H \wedge A_1 \wedge A_2 \wedge \ldots. \wedge A_n) = \neg H \vee \neg A_1 \vee \neg A_2 \vee \ldots. \vee \neg A_n}$$

Nach dem Gesetz von de Morgan muss also entweder die Hypothese H oder (mindestens) eine der Hilfsannahmen falsch sein. Wo der Fehler liegt, lässt sich nicht mit Sicherheit sagen. Hier ist man auf Vermutungen angewiesen. „Durch diese Schlussweise wird das ganze *System* (die Theorie einschließlich der Randbedingungen), das zur Deduktion des falsifizierten Satzes V verwendet wurde, falsifiziert, so dass man zunächst von keinem einzelnen der Sätze dieses Systems behaupten kann, dass die Falsifikation gerade ihn trifft oder nicht trifft.“ (Popper, S. 45) Man kann daher nie einzelne Hypothesen isoliert für sich und unabhängig vom Kontext der Theorie überprüfen, vielmehr wird bei jedem empirischen Test das ganze Theorie-System einer Prüfung unterzogen.

3. *Kettenschluss* oder hypothetischer Syllogismus (HS)

$$\frac{\begin{array}{c} A \rightarrow B \\ B \rightarrow C \end{array}}{A \rightarrow C}$$

Beispiele:
a) Das Problem von Literaturverfilmungen ist vielen Kinogängern bekannt: „Wenn Sie das Buch gelesen haben, dann kennen Sie die Handlung. Wenn Sie die Handlung kennen, dann wird Sie der Film langweilen. Also: Wenn Sie das Buch gelesen haben, dann wird Sie der Film langweilen.“
b) Die philosophische Position des Determinismus hat neben der Leugnung der Willensfreiheit auch noch eine andere Konsequenz: „Wenn der Determinismus zutrifft, dann besitzt der Mensch keinen freien Willen. Wenn der Mensch keinen freien Willen hat, dann kann er für begangenes Unrecht nicht verantwortlich gemacht wer-

den. Also: Wenn der Determinismus zutrifft, dann kann der Mensch für begangenes Unrecht nicht verantwortlich gemacht werden."

c) „Wenn wir in einer freien Marktwirtschaft leben, ist der Besitz nicht gerecht verteilt. Falls er nicht gerecht verteilt ist, gibt es immer wieder Streiks. Wir leben in einer freien Marktwirtschaft. Folglich gibt es immer wieder Streiks."

In diesem Schluss wurde sowohl der Kettenschluss (HS) als auch der Modus ponens (MP) angewendet. Der Kettenschluss liefert als Zwischenergebnis die Aussage „Wenn wir in einer freien Marktwirtschaft leben, dann gibt es immer wieder Streiks." Zusammen mit der Prämisse „Wir leben in einer freien Marktwirtschaft" ergibt sich die Konklusion: „Also gibt es immer wieder Streiks".

4. *Disjunktiver Syllogismus* (DS)
(auch adjunktiver Syllogismus oder Modus tollendo ponens genannt)

$$\frac{A \lor B \qquad \neg A}{B}$$

Dieser Schluss ist auch dann richtig, wenn anstatt $A \lor B$ die stärkere Prämisse $A \rightarrowtail\!\!\!\!\leftarrow B$ (entweder A oder B) verwendet wird.

Die Umkehrung

$$\frac{A \lor B \qquad A}{\neg B}$$

gilt nicht.

Dagegen ist

$$\frac{A \rightarrowtail\!\!\!\!\leftarrow B \qquad A}{\neg B}$$

ein korrekter Schluss.

Beispiele:

a) Es regnet oder es scheint die Sonne. Heute regnet es nicht. Also scheint heute die Sonne.
b) Josef raucht Zigarre oder Pfeife. Er raucht heute nicht Pfeife. Also raucht er heute Zigarre.
c) Frieda sonnt sich oder liest einen Liebesroman. Sie sonnt sich nicht. Also liest sie einen Liebesroman.

5. *Konjunktiver Syllogismus* (KS)

$$\frac{\neg(A \wedge B) \quad A}{\neg B}$$

Dieser Schluss ergibt sich aus dem disjunktiven Syllogismus $(p \vee q) \wedge \neg p \rightarrow q$, wenn man p durch $\neg A$ und q durch $\neg B$ ersetzt: $p \vee q = \neg A \vee \neg B = \neg(A \wedge B)$. Daraus folgt dann: $\neg(A \wedge B) \wedge A \rightarrow \neg B$.
Beispiel: „Martin war gestern nicht sowohl bei Petra als auch bei Katrin. Er ist gestern bei Petra gewesen. Also hat er sich nicht bei Karin aufgehalten."

6. *Konjunktionsbeseitigung* (KB)

$$\frac{A \wedge B}{A} \quad \text{oder} \quad \frac{A \wedge B}{B}$$

Dieser Regel liegt die bereits bekannte Tautologie $p \wedge q \rightarrow p$ zugrunde.

Beispiel: Ein Arzt stellt die folgende Diagnose: Wenn der Bluttest fehlerfrei durchgeführt wurde und das EKG zuverlässig ist, dann hat der Patient einen Herzfehler. Der Bluttest wurde fehlerfrei durchgeführt, vorausgesetzt, dass die Krankenschwester sorgfältig arbeitete. Der Patient ist aber völlig gesund und das EKG ist absolut zuverlässig. Hat die Krankenschwester geschlampt?

Lösung: Wir führen die folgenden Abkürzungen ein:
b = Der Bluttest wurde fehlerfrei durchgeführt.
e = Das EKG ist zuverlässig.
h = Der Patient hat einen Herzfehler.
k = Die Krankenschwester hat sorgfältig gearbeitet.
Die Prämissen stellen sich damit wie folgt dar:

1. $b \wedge e \rightarrow h$
2. $k \rightarrow b$
3. $\neg h \wedge e$

Daraus folgt: 4.	$\neg h$	(KB) aus 3.
5.	$\neg(b \wedge e)$	(MT) aus 1. und 4.
6.	$\neg b \vee \neg e$	De Morgan aus 5.
7.	e	(KB) aus 3.
8.	$\neg b$	(DS) aus 6. und 7.

9. $\neg k$ (MT) aus 2. und 8.

Folgerung: Die Krankenschwester hat geschlampt.

7. *Konjunktionseinführung* (KE)

Im Laufe eines logischen Beweises kann man zwei Prämissen oder bereits bewiesene Sätze stets durch eine Konjunktion verbinden.

$$\frac{\begin{matrix}A\\B\end{matrix}}{A \wedge B}$$

8. *Disjunktionseinführung* (DE)

$$\frac{A}{A \vee B}$$

Dieser Schluss folgt aus dem Satz $p \rightarrow p \vee q$. Mit Hilfe dieser Regel kann man z.B. zeigen, dass aus einem Widerspruch $(p \wedge \neg p)$ jede beliebige Aussage gefolgert werden kann. Das folgende Beispiel war schon im Mittelalter bekannt:

1. Sokrates existiert und Sokrates existiert nicht. $(p \wedge \neg p)$

Folgerungen: 2. Sokrates existiert. (KB) aus 1.

3. Sokrates existiert oder der Stock steht in der Ecke. (DE)
4. Sokrates existiert nicht. (KB) aus 1.
5. Der Stock steht in der Ecke. (DS) aus 3. und 4.

Anstatt dieses Satzes kann auch jede andere Behauptung aus der Prämisse hergeleitet werden.

9. *Widerspruchsregel* (WR)

(auch indirekter Beweis oder „reductio ad absurdum" genannt)

$$\frac{A \rightarrow B \wedge \neg B}{\neg A}$$

Wenn aus einer Annahme A ein Widerspruch $(B \wedge \neg B)$ abgeleitet werden kann, dann muss die Annahme A falsch sein.

Beispiel: Als Anwendung der Widerspruchsregel beweisen wir den folgenden Schluss:

$$\frac{\begin{matrix}p \vee q\\q \rightarrow p\end{matrix}}{p}$$

Der Beweis sieht folgendermaßen aus:

1. $p \vee q$ Prämisse
2. $q \rightarrow p$ Prämisse

| 3. $\neg p$ | Annahmeeinführung
| 4. $\neg q$ | (MT) aus 2. und 3.
| 5. p | (DS) aus 1. und 4.
| 6. $p \wedge \neg p$ | (KE) aus 3. und 5.

7. p (WR) aus 3. und 6.

Die Schritte 3.–6. wurden eingeklammert, weil sie nicht allgemeingültig sind, sondern auf der Annahme $\neg p$ beruhen.

10. *Klassisches Dilemma* (KD)

$$\frac{\begin{array}{l} A \vee B \\ A \rightarrow C \\ B \rightarrow C \end{array}}{C}$$

Beispiel: Im Winter regnet es oder es schneit.
Wenn es regnet, dann ist die Straße glatt.
Wenn es schneit, dann ist die Straße (ebenfalls) glatt.
Folgerung: Im Winter ist die Straße glatt.

Das klassische Dilemma kann mit Hilfe der Widerspruchsregel bewiesen werden. (Beweis als Übung)

In der Mathematik wird das klassische Dilemma bei Fallunterscheidungen verwendet. Dabei geht man von der disjunkten Alternative $A \vee \neg A$ aus. Hier sieht der Schluss so aus:

1. Fall: $A \rightarrow B$
2. Fall: $\neg A \rightarrow B$

$$\frac{\begin{array}{l} A \rightarrow B \\ \neg A \rightarrow B \end{array}}{B}$$

Auch bei der Anwalts-Paradoxie (vgl. Kap. 1.2) wird das klassische Dilemma verwendet. Der Leser mache sich einmal die Mühe und formalisiere die Argumentation von Protagoras und Euathlos.

4.3 Kalkül des natürlichen Schließens

Wir vervollständigen unseren Regelkatalog durch eine weitere Regel zur Implikationseinführung. Damit haben wir einen vollständigen Kalkül deduktiven Schlussfolgerns zur Hand, mit dem wir auch neue Schlussregeln ableiten können. Man nennt ihn den *Kalkül des natürlichen Schließens*.

11. *Implikationseinführung* (IE)

Man kann in jedem Deduktionsschritt eine beliebige neue Prämisse einführen (Annahmeeinführung = AE). Bezeichnen wir diese Annahme mit p. Kann daraus in einem der nächsten Schritte die Aussage q abgeleitet werden, so kann man zu der Implikation $p \to q$ übergehen und die Prämisse p „streichen“, denn man hat gezeigt, dass aus p q folgt. Damit hat die Annahmeeinführung (AE) ihren Zweck erfüllt und alle damit verbundenen Zwischenschritte können „vergessen“, d.h. eingeklammert werden. Man arbeitet im Folgenden mit der Aussage $p \to q$ weiter.

schematisch:

| p (AE)
| ....
| q

$p \to q$ (IE)

Beispiele:

1.) Wir beweisen das Kontrapositionsgesetz:

$$\frac{p \to q}{\neg q \to \neg p}$$

Beweis:

1.	$p \to q$	P (Prämisse)
| 2.	$\neg q$	AE
| 3.	$\neg p$	MT aus 1. und 2.
4.	$\neg q \to \neg p$	IE aus 2. und 3.

2.) Man beweise:

$$\frac{p}{(p \to q) \to q}$$

Beweis:

1.	p	P
| 2.	$p \to q$	AE
| 3.	q	MP aus 1. und 2.
4.	$(p \to q) \to q$	IE aus 2. und 3.

3.) Man beweise das *Gesetz von der Vertauschbarkeit der Prämissen*

$$\frac{p \to (q \to r)}{q \to (p \to r)}$$

Beweis:

1.	$p \rightarrow (q \rightarrow r)$	P
│ 2.	q	AE
│ │ 3.	p	AE
│ │ 4.	$q \rightarrow r$	MP 1., 3.
│ │ 5.	r	MP 2., 4.
│ 6.	$p \rightarrow r$	IE 3.–5.
7.	$q \rightarrow (p \rightarrow r)$	IE 2.–6.

4.) Beweise:

$$\frac{p \vee q \quad p \rightarrow r \quad q \rightarrow s}{r \vee s}$$

(*konstruktives Dilemma*)

Beweis:

1.	$p \vee q$	P
2.	$p \rightarrow r$	P
3.	$q \rightarrow s$	P
│ 4.	p	AE
│ 5.	r	MP 2., 4.
│ 6.	$r \vee s$	DE 5.
7.	$p \rightarrow r \vee s$	IE 4.–6.
│ 8.	q	AE
│ 9.	s	MP 3., 8.
│ 10.	$r \vee s$	DE 9.
11.	$q \rightarrow r \vee s$	IE 8.–10.
12.	$r \vee s$	KD 1., 7., 11.

5.) Beweise:

$$\frac{\neg(p \vee q)}{\neg p \wedge \neg q}$$

Beweis:

1.	$\neg(p \vee q)$	P
│ 2.	p	AE
│ 3.	$p \vee q$	DE 2.
│ 4.	$(p \vee q) \wedge \neg(p \vee q)$	KE 1., 3.
5.	$p \rightarrow (p \vee q) \wedge \neg(p \vee q)$	IE 2.–4.
6.	$\neg p$	WR 5.
│ 7.	q	AE
│ 8.	$p \vee q$	DE 7.
│ 9.	$(p \vee q) \wedge \neg(p \vee q)$	KE 1., 8.

10.	$q \to (p \vee q) \wedge \neg(p \vee q)$	IE 7.–9.
11.	$\neg q$	WR 10.
12.	$\neg p \wedge \neg q$	KE 6., 11.

Dieser Schluss stellt eine „Hälfte“ des de Morganschen Gesetzes dar. Als Übung sei dem Leser empfohlen, die Umkehrung des obigen Schlusses zu beweisen: $\dfrac{\neg p \wedge \neg q}{\neg(p \vee q)}$.

5. Prädikatenlogik

5.1 Subjekt und Prädikat

Während man es in der Aussagenlogik mit Aussagen und deren Verknüpfungen zu tun hat, untersucht man in der Prädikatenlogik die innere Struktur von Aussagesätzen. Es zeigt sich, dass jede elementare Aussage aus einem *Subjekt* und einem *Prädikat* besteht. Subjekt ist dasjenige, worüber etwas ausgesagt wird, Prädikat ist dasjenige, was über das Subjekt ausgesagt wird.

Subjekt	Kopula	Prädikat
Eva	ist	hübsch
Die Erde	ist	eine Kugel
Der Apfel	ist	rot
Der Apfel	ist	wohlschmeckend
Brigitte	ist	schwatzhaft
Der gegenwärtige König von Frankreich	ist	kahlköpfig

Die allgemeine Form eines Aussagesatzes sieht so aus:

S ist ein P. = P ist eine Eigenschaft von S.
= P ist ein Merkmal von S.
= S befindet sich im Zustand P.

S ist das *Subjekt*. S ist ein singulärer Term und bezeichnet ein individuelles Objekt. P ist das *Prädikat*. P ist ein allgemeiner Term (Begriff) und bezeichnet eine Eigenschaft.

Subjekt	Prädikat
Ding	Eigenschaft
Substanz	Akzidens
etwas bezeichnen	etwas beschreiben
referentielle Funktion	deskriptive Funktion
singulärer Term	genereller Term

In dem Satz „Der Mensch ist vernünftig“ wird der Begriff Mensch als Subjekt verwendet, während er in dem Satz „Sokrates ist ein Mensch“ als Prädikat verwendet wird. Mensch ist im Gegensatz zu Sokrates ein Allgemeinbegriff. Allgemeinbegriffe (auch Universalien genannt) können als Subjekt oder Prädikat verwendet werden.

Einige Philosophen (z.B. Aristoteles und Strawson) sind der Meinung, dass es Dinge gibt, die in Sätzen nur als Subjekte, aber niemals als Prädikate auftreten können. Strawson nennt solche Dinge *Einzeldinge* (particulars), Aristoteles spricht von *Substanz*. Substanz (ousia) ist dasjenige, von dem alles andere ausgesagt wird, das selbst aber nicht wieder von etwas anderem ausgesagt wird, also das, was immer nur Subjekt und niemals Prädikat ist. Substanz ist der Träger von Eigenschaften, das Wesen der Dinge, das Beharrende in der Veränderung. Die Prädikate dagegen bezeichnen nur kontingente, akzidentelle Eigenschaften der zugrunde liegenden Substanz.

Empiristen wie Berkeley oder Hume leugnen dagegen die Existenz von Substanzen und reduzieren Einzeldinge auf die Summe ihrer Eigenschaften: Ein Einzelding ist dieser Auffassung zufolge durch die Aufzählung seiner Eigenschaften bereits vollständig bestimmt. Jedes Ding, jeder Gegenstand ist nichts anderes als ein Bündel von Eigenschaften oder Perzeptionen. Es gibt nichts Substantielles in der Welt und es gibt keine materiellen Dinge hinter den Erscheinungen. Wir nehmen nur Eigenschaften wahr und setzen sie zu Gegenständen zusammen. Wenn man diese Auffassung akzeptiert und Substanz mit der Menge ihrer Eigenschaften gleichsetzt, dann sind zwei Dinge genau dann identisch, wenn sie die gleichen Prädikate besitzen, d.h. wenn sie durch kein Merkmal unterschieden werden können (Indiszernibilienprinzip von Leibniz).

Einzeldinge werden durch *Eigennamen* benannt: z.B. Sokrates, Napoleon, der Planet Venus. Die Referenz von Eigennamen kann raum-zeitlich bestimmt werden, indem auf das Ding gezeigt wird: z.B. „Dies ist ein Baum“ oder „Dieser Stern ist der Planet Venus“. Mit dem „dies“ ist ein Einzelding, kein Allgemeinbegriff gemeint. Aber woher will ich wissen, was mit „dies“ gemeint ist? Wie können bestimmte Einzeldinge von anderen Einzeldingen abgegrenzt und unterschieden werden? Ich zeige z.B. auf einen Baum und sage „Dies ist ein Baum“. Woher will ein anwesender Beobachter, der kein Deutsch versteht, wissen, dass ich mit „Baum“ einen Baum meine und nicht die Blätter des Baumes, seine Zweige, Äste oder andere

Teile des Baumes? Um zu wissen, was ein Baum ist, muss ich wissen, welche Eigenschaften ein Baum hat. Demnach kann die Bedeutung eines singulären Terms nur unter Verwendung allgemeiner Terme erklärt werden. Um zu wissen, wer mit Sokrates gemeint ist, muss man seine wesensbestimmenden Eigenschaften kennen: Sokrates war ein antiker Philosoph, Sokrates war der Lehrer Platons, Sokrates starb im Gefängnis durch den Schierlingsbecher, usw. Einzeldinge können offenbar nur durch Allgemeinbegriffe individuiert und bestimmt werden.

Formalisierung der Subjekt-Prädikat-Unterscheidung

Zur Unterscheidung von Subjekt und Prädikat bezeichnen wir Subjekte künftig mit kleinen Buchstaben (a, b, c, …) und Prädikate mit großen Buchstaben (P, Q, R, …). *Beispiel*: Als Subjekt sei a = Apfel und als Prädikate seien R = rot und G = wohlschmeckend gegeben. Damit können wir folgende Sätze bilden:

Der Apfel ist rot. = R(a)

Der Apfel schmeckt gut. = G(a)

Die Prädikation operiert wie eine Funktion auf Gegenständen. Daher nennt man das Subjekt auch das Argument der Aussage und das Prädikat die Funktion. Mit der Notation R(a) bzw. G(a) wird die mathematische Schreibweise nachgeahmt: In der Mathematik stellt f(x) einen Funktionsausdruck dar, wobei f die Funktion und x das Argument bezeichnet. Sowohl R(a) als auch G(a) stellen eine vollständige Aussage dar. Diese Aussagen lassen sich wie gewohnt verknüpfen: z.B. $R(a) \wedge G(a)$ = Der Apfel ist rot und schmeckt gut.

5.2 Intension und Extension von Begriffen

Ein *Begriff* bezeichnet die Bedeutung eines Prädikats: „Begriff ist Bedeutung eines Prädikates, Gegenstand ist, was nie die ganze Bedeutung eines Prädikates, wohl aber Bedeutung eines Subjekts sein kann." (Frege, S. 72) In der Alltagssprache werden „Wort" und „Begriff" oft durcheinander gebracht und falsch verwendet. Daher sollen im folgenden „Wort" und „Begriff" klar auseinander gehalten werden: Ein *Wort* ist die kleinste bedeutungstragende Einheit einer Sprache. Ein *Begriff* dagegen ist das durch ein Wort Bezeichnetes.

Er ist eine fest umrissene Vorstellung unseres Geistes und bildet somit die Grundlage unseres Denkens. Ein Wort ist eine Spracheinheit, ein Begriff ist eine Denkeinheit. Ein Begriff ist ein gedankliches Gebilde, dessen sprachlicher Ausdruck ein Wort ist. „Der Begriff ist die Bedeutungssphäre eines Wortes oder sprachlichen Ausdrucks oder die Sphäre möglicher Bewusstseinsobjekte." (Lipps, S. 124)

Gottlob Frege unterscheidet zwischen der *Intension* (Inhalt) und der *Extension* (Umfang) eines Begriffs. Der Inhalt eines Begriffs wird durch Wesenseigenschaften oder Merkmale angegeben. Die Gesamtheit aller Merkmale, die in dem Begriff enthalten sind oder ihm zukommen, ist der Begriffsinhalt (Intension). So wird z.B. der Begriff „Vogel" durch die in ihm enthaltenen Begriffe „Tier", „zweibeinig", „gefiedert", „kann fliegen" usw. charakterisiert. Unter dem Umfang eines Begriffs versteht man die Gesamtheit aller Einzeldinge, die sämtliche Merkmale des Begriffs besitzen. Zum Beispiel enthält die Extension des Begriffs „Vogel" alle Vögel, die auf der Erde leben: Amseln, Drosseln, Papageien, Enten etc.

Je nachdem, wie viele Gegenstände der Extensionsbereich enthält, kann man drei Begriffsarten unterscheiden:
a) *leere Begriffe*: Das sind Begriffe, die einen Inhalt haben, aber deren Extensionsbereich leer ist, z.B. „Pegasus" (geflügeltes Pferd) oder „der von der Erde am weitesten entfernte Himmelskörper" (dieser Begriff hat zwar einen Sinn, aber keine Bedeutung).
b) *Individualbegriffe*: Der Extensionsbereich enthält nur einen Gegenstand, z.B. „der gegenwärtig amtierende amerikanische Präsident".
c) *Allgemeinbegriffe* (Gattungen, Arten): Der Extensionsbereich enthält mehrere Gegenstände, z.B. „Mensch".

Es gibt Begriffe verschiedener Intension, aber gleicher Extension, z.B.

- gleichwinklige und gleichseitige Dreiecke,
- Lebewesen mit Herz und Lebewesen mit Niere,
- Morgenstern und Abendstern.

Zwei Begriffe heißen umfangsgleich oder *äquipollent*, wenn ihre Extensionen identisch sind.

Einige Philosophen definieren Begriffe durch ihre Extension. Die *Extensionalitätsthese* besagt, dass Begriffe durch ihre Extension bereits vollständig bestimmt sind und die Betrachtung von Intensionen daher überflüssig sei. Zum Beispiel könnte der Begriff „Vogel" extensional durch die Gesamtheit aller Vögel definiert werden. Es käme daher kein besonderes Wesen (z.B. die „Vogelheit“ oder wie immer man es nennen möchte) hinzu, das den Begriff „Vogel“ definiert. Insbesondere wären nach dieser Auffassung zwei Begriffe genau dann identisch, wenn sie dieselbe Extension besitzen. Dies ist nicht unumstritten, da z.B. die Begriffe „Lebewesen mit Herz“ und „Lebewesen mit Niere“ etwas inhaltlich Verschiedenes meinen, auch wenn sie extensionsgleich sind.

Legt man das Extensionalitätsprinzip zugrunde, so kann man zu jedem Prädikat die Menge aller Subjekte bilden, auf die das Prädikat zutrifft. Sei P ein Prädikat, so bezeichnen wir mit der Menge $M_P = \{x \mid P(x) \text{ ist wahr}\}$ den Extensionsbereich von P. Betrachten wir z.B. das Prädikat A = „ist ausgedehnt“, so bezeichnet der Extensionsbereich von A alle Dinge, die ausgedehnt sind: $M_A = \{x|A(x) \text{ ist wahr}\} = \{x|x \text{ ist ausgedehnt}\}$ = Menge aller Körper. Unter der Annahme der Extensionalitätsthese fallen Mengenlehre und Prädikatenlogik zusammen.

Wird der Inhalt eines Begriffs B_1 um ein Merkmal erweitert, so erhält man einen inhaltlich reicheren Begriff B_2, der aber einen kleineren Umfang als B_1 besitzt. Man sagt auch: Der Begriff B_1 ist dem Begriff B_2 *übergeordnet* und umgekehrt ist B_2 dem Begriff B_1 *untergeordnet*. Der untergeordnete Begriff ist ein *Artbegriff*, der übergeordnete Begriff ist der ihm zugehörige *Gattungsbegriff*. Durch jede Inhaltsbereicherung wird ein Begriff näher bestimmt bzw. determiniert, während der umgekehrte Weg, die Inhaltsverminderung, eine Abstraktion darstellt. Auf diese Weise der Über- und Unterordnung von Begriffen erhält man eine Begriffshierarchie. Ein Beispiel für eine solche Begriffspyramide stellt die biologische Klassifikation von Lebewesen nach Stämmen, Klassen, Ordnungen, Familien, Gattungen und Arten dar. Lebewesen ist der Oberbegriff von Tier, Tier ist der Oberbegriff von Wirbeltier, Wirbeltier ist der Oberbegriff von Säugetier, Säugetier ist der Oberbegriff von Mensch usw. Man kann sich überlegen, was der Oberbegriff von Lebewesen ist. Der nächstallgemeinere Begriff wäre der des Körpers (res extensa). Er enthält nach Descartes als inhaltliche Bestimmung nur die beiden Merkmale „ausgedehnt“ und „teilbar“. Was aber ist der Oberbegriff von Körper? Hier würde der Philosoph sagen, dass der Begriff „Seiendes“ die umfassendste Bezeichnung allen Wirklichen darstellt, der sowohl Körperliches als auch Geistiges in sich enthält.

Das hier vorgestellte Beispiel einer Begriffshierarchie legt die Vermutung nahe, dass sich Inhalt und Umfang eines Begriffs reziprok zueinander verhalten: Jede Bereicherung des Begriffsinhalts entspricht einer Verengung des Begriffsumfangs. Kant schreibt: „Inhalt und Umfang eines Begriffs stehen gegen einander in umgekehrtem Verhältnisse. Je mehr nämlich ein Begriff *unter sich* enthält, desto weniger enthält er *in sich* und umgekehrt." (Kant, Logik, A 148) Diese These nennt man das *Reziprozitätsgesetz*. Je reicher der Inhalt eines Begriffs ist, desto kleiner ist sein Umfang, und je größer der Umfang, desto ärmer der Inhalt: „Sehr weite Begriffe haben also stets wenig Inhalt: eben weil so viel durch sie zu denken ist, wird sehr wenig in ihnen gedacht." (Schopenhauer)

So ist jeder Begriff, der ein Individuum bezeichnet, umfangsarm, aber sehr inhaltsreich (*„individuum est ineffabile"*), wohingegen der allgemeinste und abstrakteste Begriff „Sein" extrem umfangsreich, aber inhaltsarm ist. Man kann aufgrund dieses Beispiels leicht verstehen, weshalb das Reziprozitätsgesetz in der Philosophie nicht allgemein akzeptiert wird: Gerade die Existenzphilosophen (z.B. Heidegger) sprechen dem Begriff „Sein" einen großen Inhalt zu.

5.3 Relationen

Man unterscheidet einstellige, zweistellige und mehrstellige Prädikate: Einstellige Prädikate haben nur ein Subjekt. Zweistellige Prädikate besitzen zwei Subjekte. Man spricht daher auch von einer zweistelligen *Relation* zwischen den Subjekten. Analoges gilt für drei- und mehrstellige Prädikate.

Beispiele:

- B(x,y) = x ist der Bruder von y. x und y sind Platzhalter (Variable), die für (männliche) Personen stehen. Bezeichnet t Tim und u Uwe (t und u heißen in diesem Fall Individuenkonstanten), dann heißt B(t,u) = Tim ist der Bruder von Uwe.
- L(r,j) = r (Romeo) liebt j (Julia).
- H(p,f) = p (Paris) ist die Hauptstadt von f (Frankreich).
- U(x,y) = x ist die Ursache von y. = y wird von x verursacht. Der Satz „Gott ist Ursache seiner selbst (causa sui)" (Spinoza) würde formalisiert so lauten: U(g,g), wobei g für Gott steht.

- Z(u,s,m) = u (Ulm) liegt zwischen s (Stuttgart) und m (München).

Die Relation B ist eine *symmetrische Relation*: Für sie gilt B(x,y) = B(y,x). Denn wenn x der Bruder von y ist, dann ist y auch der Bruder von x. Dagegen ist die Relation U(x,y) nicht symmetrisch. Denn wenn x die Ursache von y ist, dann kann nicht umgekehrt y die Ursache von x sein.

Definition: Eine zweistellige Relation R heißt

a) *reflexiv*, wenn gilt: R(x,x) für alle x.
b) *symmetrisch* (umkehrbar), wenn aus R(x,y) gefolgert werden kann, dass auch R(y,x) gilt. D.h. $R(x,y) \rightarrow R(y,x)$ für alle x und y. Dies gilt auch umgekehrt und daher: R(x,y) = R(y,x).
c) *transitiv*, wenn gilt: $R(x,y) \wedge R(y,z) \rightarrow R(x,z)$ für alle x, y, z.
d) *identitiv* (oder antisymmetrisch), wenn gilt: $R(x,y) \wedge R(y,x) \rightarrow x = y$.
e) *asymmetrisch*, wenn gilt: $R(x,y) \rightarrow \neg R(y,x)$.

Man sagt, R sei eine *Äquivalenzrelation*, wenn R reflexiv, symmetrisch und transitiv ist. Das Musterbeispiel für eine Äquivalenzrelation ist die Gleichheit oder Identität: Es gilt a) $x = x$, b) Aus $x = y$ folgt $y = x$, und c) Wenn $x = y$ und $y = z$, dann ist auch $x = z$. Alle Objekte, die zu einem bestimmten Objekt a in einer Äquivalenzrelation stehen, bilden eine *Äquivalenzklasse*. Man bezeichnet sie mit $[a] = \{x \mid R(a,x)\}$.

R ist eine *reflexive Ordnungsrelation*, wenn R reflexiv, transitiv und identitiv ist. Die kleiner-gleich-Relation $\leq$ ist ein Beispiel für eine reflexive Ordnungsrelation.

R ist eine *strikte Ordnungsrelation*, wenn R asymmetrisch und transitiv ist. Ein Beispiel für eine strikte Ordnungsrelation ist die kleiner-Relation $<$.

Als *Beispiel* betrachten wir die Teilerrelation. T(m,n) soll heißen: m ist Teiler von n, oder: m teilt n ($m, n \in \mathbb{N}$).

1. Per Definition ist die Teilerrelation reflexiv: Jede Zahl ist Teiler von sich selbst.
2. Die Teilerrelation ist nicht symmetrisch: Wenn m Teiler von n ist, dann kann umgekehrt n kein Teiler von m sein.

3. Die Teilerrelation ist transitiv: Wenn a ein Teiler von b ist und b ein Teiler von c, dann ist a auch ein Teiler von c.
4. Die Teilerrelation ist identitiv: Wenn a ein Teiler von b ist und umgekehrt b auch ein Teiler von a ist, dann muss a=b sein.
5. Da T eine reflexive Relation ist, kann T nicht asymmetrisch sein.

Aus den genannten Eigenschaften folgt, dass die Teilerrelation eine reflexive Ordnungsrelation ist.

5.4 Quantoren

Wir betrachten ein *Beispiel*: M sei die Familie Meier. Die Familie Meier besteht aus Herrn Meier (h), Frau Meier (f) und den Söhnen Tim (t), Kai (k) und Uwe (u). Die Menge M enthält daher 5 Elemente: $M = \{h, f, t, k, u\}$. Angenommen, jeder in der Familie Meier hat blonde Haare. Wie können wir diese Aussage formalisieren? Zunächst definieren wir das Prädikat B: B(x) = x hat blonde Haare. Nun gehen wir zu der Aussage „Jeder in der Familie Meier hat blonde Haare“ über. Dies können wir entweder dadurch formalisieren, dass wir aufzählen: $B(h) \wedge B(f) \wedge B(t) \wedge B(k) \wedge B(u)$, oder wir schreiben kürzer: Für alle $x \in M$ gilt B(x), formal: $\forall x \in M$: B(x). $\forall$ heißt *Allquantor*. In manchen Logik-Lehrbüchern findet man auch das Symbol $\bigwedge$. Es deutet an, dass der Allquantor eine Zusammenfassung von Konjunktionen darstellt.

Nehmen wir an, dass irgend jemand in der Familie Meier raucht, aber wir wissen nicht, wer es ist. Wie kann man diese Aussage formalisieren? Hierzu definieren wir das Prädikat R: R(x) = x ist Raucher. Die Aussage lautet: „Es gibt jemanden in der Familie Meier, der raucht“. Das heißt: $R(h) \vee R(f) \vee R(t) \vee R(k) \vee R(u)$. Äquivalent dazu ist die Aussage: Es gibt (mindestens) ein $x \in M$, für das R(x) gilt. Formal schreiben wir dafür: $\exists x \in M$: R(x). $\exists$ heißt *Existenzquantor*. Andere Schreibweise: $\bigvee$. Man beachte: $\exists x$ bedeutet nicht, dass es genau ein $x \in M$ gibt, denn es kann durchaus mehrere Raucher in der Familie Meier geben.

Bemerkungen: Der Allquantor $\forall$ bedeutet eine Zusammenfassung beliebig vieler (unter Umständen sogar unendlich vieler) Konjunktionen. Der Existenzquantor $\exists$ stellt eine Zusammenfassung beliebig vieler Disjunktionen dar.

Betrachtet man nicht bestimmte Mengen von Objekten, sondern beliebige Objekte, dann lässt man die Mengenschreibweise weg und schreibt kürzer $\forall x\ P(x)$ oder $\exists x\ P(x)$.

Man nennt eine Variable, die im Wirkungsbereich eines All- oder Existenzquantors steht, eine *gebundene Variable*. Ist eine Variable nicht durch einen Quantor gebunden, so heißt sie *freie Variable*.

Beispiele:

1.) $F(x)$ = x fließt. $\Rightarrow$ $\forall x\ F(x)$ = Alles fließt.
2.) $U(x,y)$ = x ist die Ursache von y. $\Rightarrow$ $\forall y\ \exists x\ U(x,y)$ = Alles hat eine Ursache. Man beachte, dass dies nicht dasselbe ist wie $\exists x\ \forall y\ U(x,y)$ = Es gibt eine Ursache für alles. Man darf Existenz- und Allquantoren nicht vertauschen!
3.) $H(x,y)$ = x hängt mit y zusammen. $\Rightarrow$ $\forall x\ \forall y\ H(x,y)$ = Alles hängt mit allem zusammen.
4.) $\exists x \in \mathbb{R}$: $x^2 = 2$ heißt: Es gibt eine Lösung der quadratischen Gleichung $x^2 = 2$. (Man beachte: Hier gibt es sogar zwei Lösungen!)
5.) $\neg \exists x \in \mathbb{R}$: $x^2 = -1$ heißt: Es gibt keine reelle Zahl, deren Quadrat -1 ist.
6.) $P(x)$ soll heißen: x ist vollkommen. $\Rightarrow$ Nichts ist vollkommen. = Es gibt kein x, das vollkommen ist. = $\neg \exists x\ P(x)$. Dies ist dasselbe wie wenn man sagt: Alle Dinge sind unvollkommen. = $\forall x\ \neg P(x)$.
7.) $V(x)$ = x ist vergänglich. $\Rightarrow$ $\forall x\ V(x)$ = Alles ist vergänglich. = Nichts ist unvergänglich. = Es gibt kein x, das nicht vergänglich ist. = $\neg \exists x\ \neg V(x)$.
8.) Es gibt keine größte natürliche Zahl. = $\neg \exists x \in \mathbb{N}\ \forall y \in \mathbb{N}\ x \geq y$ = $\forall x \in \mathbb{N}\ \exists y \in \mathbb{N}\ x < y$ = Zu jeder Zahl x gibt es eine größere Zahl y. Auch hier würde die Vertauschung der Quantoren zu einer anderen Aussage führen: $\exists y \in \mathbb{N}\ \forall x \in \mathbb{N}\ x < y$. Dies würde heißen, dass es doch eine größte natürliche Zahl gibt.

An den obigen Beispielen kann man folgende *Regeln* für die Negation der Quantoren ablesen:

1. $\neg\exists x\ P(x) = \forall x\ \neg P(x)$ oder: $\exists x\ P(x) = \neg\forall x\ \neg P(x)$
2. $\neg\forall x\ P(x) = \exists x\ \neg P(x)$ oder: $\forall x\ P(x) = \neg\exists x\ \neg P(x)$

Die Negation einer Existenzaussage ergibt eine Allaussage und umgekehrt. Wir beweisen die 2.Regel für den Fall, dass ein endlicher Objektbereich vorliegt. D.h. es wird über eine endliche Menge quantifiziert. Die Menge M enthalte n Elemente: $M = \{x_1, x_2, \ldots, x_n\}$.

$$\neg\forall x \in M: P(x) \;=\; \neg(P(x_1) \wedge P(x_2) \wedge \ldots. \wedge P(x_n))$$
$$=\; \neg P(x_1) \vee \neg P(x_2) \vee \ldots. \vee \neg P(x_n) \;=\; \exists x \in M: \neg P(x)$$

Der Beweis der 1.Regel geschieht ganz analog und sei dem Leser als Übung überlassen.

Der Zusammenhang zwischen Existenz- und Allquantoren kann schematisch in einem *logischen Quadrat* dargestellt werden:

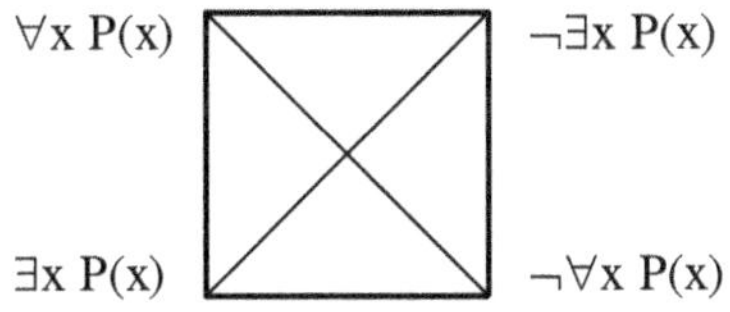

$\forall x\, P(x)$ und $\neg\exists x\, P(x)$ stehen in einem *konträren Gegensatz*, $\exists x\, P(x)$ und $\neg\forall x\, P(x)$ stehen in einem *subkonträren Gegensatz*. Aus $\forall x\, P(x)$ folgt $\exists x\, P(x)$ (*subalterne Beziehung*).

5.5 Der Kalkül des natürlichen Schließens für die Prädikatenlogik

Der Kalkül des natürlichen Schließens, den wir in der Aussagenlogik kennen gelernt haben, lässt sich so erweitern, dass man ihn auch auf die Prädikatenlogik anwenden kann. Zu den bereits bekannten Schlussregeln der Aussagenlogik kommen vier Regeln hinzu, mit denen der Kalkül vervollständigt wird.

1. Regel der *Existenzeinführung* (∃E): $\dfrac{P(a)}{\exists x\, P(x)}$

   (a ist eine Individuenkonstante)

Beispiel: Dieser Apfel ist rot. Daraus folgt: Es gibt ein Ding, das rot ist.

2. Regel der *Allquantorbeseitigung* (∀B):

(a ist eine beliebige Individuenkonstante)

$$\frac{\forall x\ P(x)}{P(a)}$$

Beispiel: Alles ist vergänglich. Also ist auch der Mensch vergänglich.

Durch Verkettung beider Regeln kann von einer Allaussage auf eine Existenzaussage geschlossen werden:

$$\frac{\forall x\ P(x)}{\exists x\ P(x)}$$

Im Mittelalter wurde die Regel „*Dictum de omni et de nullo*" geprägt: „Quidquid de omnibus valet, valet etiam de quibusdam et singulis; quidquid de nullo valet, nec de quibusdam et singulis valet." (Was von allem gilt, gilt auch vom einzelnen und von einigen; was von keinem gilt, gilt auch nicht vom einzelnen und von einigen.)

3. *Existenzbeseitigung* (∃B):

(u ist ein Beispielparameter)

$$\frac{\exists x\ P(x)}{P(u)}$$

Bei der Beseitigung von Existenzquantoren gehen gebundene in freie Variable über. Für die im Schlusssatz vorkommenden freien Variablen muss ein neues Zeichen verwendet werden, das vorher noch nicht vorkam, hier als u bezeichnet. Diese neue Variable u ist keine Individuenkonstante, sondern lediglich ein *Beispielparameter*. Es empfiehlt sich daher, die Einführung des Beispielparameters im Schlussschema zu markieren.

Hierzu ein *Beispiel*: Aus dem Satz „Es gibt Menschen, die 100 Meter schneller als in 10 Sekunden laufen" kann nicht geschlossen werden, dass Herr Müller oder Herr Meier zu diesen Läufern gehören. Da wir aber wissen, *dass* es jemanden gibt und wir ihn (oder sie) nicht kennen, nennen wir diesen Menschen einfach u. (u ist Herr oder Frau Unbekannt.) Dieses u kann nicht beliebig sein und dient lediglich als Stellvertreter zur Bezeichnung dieses Individuums.

4. *Allquantoreinführung* (∀E):

$$\frac{P(a)}{\forall x\ P(x)}$$

Dieser Schluss gilt nur, wenn a beliebig ist und durch keine einschränkende Bedingung festgelegt ist. Insbesondere darf a kein Beispielparameter sein, der aus einer Existenzbeseitigung stammt!

Um den Gebrauch dieser Regeln an *Beispielen* zu demonstrieren, werden zunächst zwei Schlüsse vorgeführt, bei denen die oben genannten Regeln verletzt werden:

1.) 1. $\exists x\, P(x)$ Prämisse
2. $P(a)$ ($\exists$B) aus 1.
3. $\forall x\, P(x)$ ($\forall$E) aus 2.

Dieser Schluss ist falsch, weil a nicht beliebig, sondern lediglich ein Beispielparameter ist.

2.) 1. $\exists x\, R(x) \wedge \exists x\, E(x)$ Prämisse

Man könnte diesen Satz folgendermaßen deuten: „Es gibt Dinge, die sind rund, und es gibt Dinge, die sind eckig."

2. $\exists x\, R(x)$ (KB) aus 1.
3. $R(u)$ ($\exists$B) aus 2. (u: *Beispielparameter*)
4. $\exists x\, E(x)$ (KB) aus 1.
5. $E(u)$ ($\exists$B) aus 4. (u: *Beispielparameter*)
6. $R(u) \wedge E(u)$ (KE) aus 3. und 5.
7. $\exists x\, (R(x) \wedge E(x))$ ($\exists$E) aus 6.

Dies würde heißen: „Es gibt Dinge, die sind rund *und* eckig". Der Fehler liegt darin, dass bei den Existenzbeseitigungen beidesmal dieselben Beispielparameter gewählt wurden. Die Umkehrung des Schlusses ist dagegen möglich:

Aus $\exists x\, (R(x) \wedge E(x))$ folgt $\exists x\, R(x) \wedge \exists x\, E(x)$.

Die folgenden *Beispiele* stellen korrekte prädikatenlogische Schlüsse dar.

3.) $$\frac{P(a) \rightarrow B}{\forall x\, P(x) \rightarrow B}$$ (Generalisierung des Vordersatzes)

Beweis:

1. $P(a) \rightarrow B$ P
| 2. $\forall x\, P(x)$ AE
| 3. $P(a)$ $\forall$B 2.
| 4. B MP 1., 3.
5. $\forall x\, P(x) \rightarrow B$ IE 2., 4.

4.) $$\frac{A \rightarrow P(c)}{A \rightarrow \exists x\, P(x)}$$ (Partikularisierung des Hintersatzes)

Beweis:		
	1. $A \rightarrow P(c)$	P
	│ 2. A	AE
	│ 3. $P(c)$	MP 1., 2.
	│ 4. $\exists x\, P(x)$	∃E 3.
	5. $A \rightarrow \exists x\, P(x)$	IE 2., 4.

Die beiden letzten Regeln ergeben zusammengenommen den folgenden Schluss:

5.)
$$\frac{P(a) \rightarrow Q(b)}{\forall x\, P(x) \rightarrow \exists x\, Q(x)}$$

6.) $\neg \exists x\, P(x) \;=\; \forall x\, \neg P(x)$

Zum Beweis der Äquivalenz müssen wir zeigen, dass die Implikation in beide Richtungen gilt.

a)	1. $\neg \exists x\, P(x)$	P
	│ 2. $P(a)$	AE (a ist beliebig!)
	│ 3. $\exists x\, P(x)$	∃E 2.
	4. $P(a) \rightarrow \exists x\, P(x)$	IE 2., 3.
	5. $\neg P(a)$	MT 1., 4.
	6. $\forall x\, \neg P(x)$	∀E 5.
b)	1. $\forall x\, \neg P(x)$	P
	│ 2. $\exists x\, P(x)$	AE
	│ 3. $P(u)$	∃B 2. (u: Bsp.)
	4. $\exists x\, P(x) \rightarrow P(u)$	IE 2., 3.
	5. $\neg P(u)$	∀B 1.
	6. $\neg \exists x\, P(x)$	MT 4., 5.

7.)
$$\frac{\forall x\, (P(x) \rightarrow Q(x))}{\forall x\, P(x) \rightarrow \forall x\, Q(x)}$$

Beweis:		
	1. $\forall x\, (P(x) \rightarrow Q(x))$	P
	2. $P(a) \rightarrow Q(a)$	∀B 1. (a: beliebig)
	│ 3. $\forall x\, P(x)$	AE
	│ 4. $P(a)$	∀B 3.
	│ 5. $Q(a)$	MP 2., 4.
	│ 6. $\forall x\, Q(x)$	∀E 5.
	7. $\forall x\, P(x) \rightarrow \forall x\, Q(x)$	IE 3.–6.

8.) $\forall x\ [(B(x) \vee C(x)) \rightarrow D(x)]$
$\exists z\ [\neg(E(z) \vee \neg C(z))]$

$\exists x\ D(x)$

Beweis:

1.	$\forall x\ [(B(x) \vee C(x)) \rightarrow D(x)]$	P
2.	$\exists z\ [\neg(E(z) \vee \neg C(z))]$	P
3.	$\neg(E(u) \vee \neg C(u))$	∃B 2. (u: Bsp.)
4.	$\neg E(u) \wedge C(u)$	De Morgan 3.
5.	$(B(u) \vee C(u)) \rightarrow D(u)$	∀B 1.
6.	$C(u)$	KB 4.
7.	$B(u) \vee C(u)$	DE 6.
8.	$D(u)$	MP 5., 7.
9.	$\exists x\ D(x)$	∃E 8.

Beachte: Man beseitige zuerst den Existenzquantor und dann den Allquantor, nicht umgekehrt!

9.) $\forall x\ \neg F(x)$
$\exists y\ G(y) \rightarrow \exists x\ F(x)$

$\forall y\ \neg G(y)$

Beweis:

1.	$\forall x\ \neg F(x)$	P
2.	$\exists y\ G(y) \rightarrow \exists x\ F(x)$	P
| 3.	$\exists y\ G(y)$	AE
| 4.	$\exists x\ F(x)$	MP 2., 3.
| 5.	$F(u)$	∃B 4. (u: Bsp.)
6.	$\exists y\ G(y) \rightarrow F(u)$	IE 3.–5.
7.	$\neg F(u)$	∀B 1.
8.	$\neg\ \exists y\ G(y)$	MT 6., 7.
9.	$\forall y\ \neg G(y)$	Negationsregel (siehe Bsp. 6)

Mit Hilfe des Kalküls des natürlichen Schließens können die folgenden *Gesetze* bewiesen werden:

1. $\forall x\ (P(x) \wedge Q(x)) \Leftrightarrow \forall x\ P(x) \wedge \forall x\ Q(x)$
2. $\forall x\ (P(x) \vee Q(x)) \Leftarrow \forall x\ P(x) \vee \forall x\ Q(x)$
3. $\exists x\ (P(x) \wedge Q(x)) \Rightarrow \exists x\ P(x) \wedge \exists x\ Q(x)$
4. $\exists x\ (P(x) \vee Q(x)) \Leftrightarrow \exists x\ P(x) \vee \exists x\ Q(x)$
5. $\forall x\ (P(x) \rightarrow Q(x)) \Rightarrow (\forall x\ P(x) \rightarrow \forall x\ Q(x))$

Das 5.Gesetz wurde bereits bewiesen (siehe Bsp. 7). Der Beweis der übrigen Gesetze sei dem Leser überlassen. (Hinweis: Man beweise zuerst 1. und 3. mit dem Kalkül des natürlichen Schließens. 2. folgt aus 3. und 4. folgt aus 1. durch Kontraposition.)

Der Kalkül des natürlichen Schließens lässt sich auch auf zwei- oder mehrstellige Prädikate anwenden. Als *Beispiel* sei das folgende *Gesetz der Quantorenvertauschung* bewiesen:

$$\exists x\ \forall y\ R(x,y)\ \Rightarrow\ \forall y\ \exists x\ R(x,y)$$

Beweis:

1.	$\exists x\ \forall y\ R(x,y)$	P
2.	$\forall y\ R(u,y)$	$\exists$B 1. (u: Bsp.)
3.	$R(u,a)$	$\forall$B 2. (a: beliebig)
4.	$\exists x\ R(x,a)$	$\exists$E 3.
5.	$\forall y\ \exists x\ R(x,y)$	$\forall$E 4.

Man beachte: Die Umkehrung dieses Satzes gilt nicht! Überlegen wir einmal, woran die Umkehrung scheitert.

1.	$\forall y\ \exists x\ R(x,y)$	P
2.	$\exists x\ R(x,a)$	$\forall$B 1. (a: beliebig)
3.	$R(u,a)$	$\exists$B 2. (u: Bsp.)
4.	$\forall y\ R(u,y)$	falsch! $\forall$E ist nicht erlaubt!

Die Allquantoreinführung scheitert daran, dass in der 3.Zeile der Beispielparameter u vorkommt, der aus einer Existenzbeseitigung stammt. Daher ist der Satz R(u,a) nicht allgemeingültig und gilt nur für die Beziehung zwischen u und a. Dieser Sachverhalt wird klarer, wenn wir die einzelnen Schritte an einem sprachlichen Beispiel nachvollziehen. Übersetzen wir R(x,y) mit „x ist die Ursache von y“, dann sieht der Schluss so aus:

1. Alles hat eine Ursache.
2. Auch die Tatsache, dass ich heute schlecht gelaunt bin, hat eine Ursache.
3. Nehmen wir an, u sei die Ursache meiner schlechten Laune.
4. Daraus können wir nicht schließen, dass alle Dinge von u verursacht werden!

6. Urteilslehre und Syllogistik

6.1 Urteile

Zwei Begriffe können in folgenden Beziehungen zueinander stehen:
1. *Identität*: Zwei Begriffe sind (extensional) identisch, wenn sie umfangsgleich sind.
2. *Inklusion*: Ein Begriff B_1 kann in einem anderen Begriff B_2 enthalten sein. In dem Satz „Gold ist gelb“ ist der Begriff „Gold“ in dem Begriff „gelb“ enthalten. In dem Satz „Alle Menschen sind sterblich“ ist der Begriff „Mensch“ in dem Begriff „sterblich“ enthalten. Mengentheoretisch bedeutet dies, dass die Menge der Menschen eine *Teilmenge* der Menge der sterblichen Dinge bildet: $B_1 \subset B_2$.
3. *Verschiedenheit*: Die Umfänge der beiden Begriffe B_1 und B_2 können auch elementfremd sein. Zum Beispiel gilt der Satz „Kein Vogel ist ein Säugetier“. D.h. es gibt kein Tier, das sowohl ein Vogel als auch ein Säugetier ist. Die beiden Mengen besitzen eine leere Schnittmenge.
4. *Gemeinsamkeit*: Die beiden Mengen können sich auch überlappen ohne dass die eine Menge in der anderen Menge enthalten ist. Die Umfänge der beiden Begriffe B_1 und B_2 haben Elemente gemeinsam, wie z.B. in dem Satz „Einige Blumen sind rot“: Es gibt Gegenstände, die sowohl zur Menge der Blumen gehören als auch zur Menge der roten Dinge. Beide Mengen besitzen eine nicht-leere Schnittmenge.

Eine Aussage, in der das Verhältnis zweier Begriffe erklärt wird, nennt man *Urteil*. „Das Verhältnis gegebener Begriffe zueinander erkennen, heißt urteilen.“ (Schopenhauer) „Jedes Urteil ist also die Erkenntnis des Verhältnisses zwischen Begriffen, ihrer Verbindung oder auch Nicht-Verbindung.“ (Schopenhauer) „Wir können aber alle Handlungen des Verstandes auf Urteile zurückführen, so dass der Verstand überhaupt als ein Vermögen zu Urteilen vorgestellt werden kann.“ (Kant, KrV B 94)

Wir klassifizieren Urteile nach ihrer Quantität und Qualität:

1. Quantität

a) allgemeine (universelle) Urteile: Alle S sind P.
   Beispiel: „Alle Menschen sind sterblich.“

b) besondere (partikuläre) Urteile: Einige S sind P.

Beispiel: „Einige Menschen sind Philosophen."

c) einzelne (singuläre) Urteile: Ein S ist P.
Beispiel: „Sokrates ist sterblich."

2. Qualität

a) bejahende (affirmative) Urteile: S ist P.

b) verneinende (negative) Urteile: S ist nicht P.

Immanuel Kant führte in seiner Urteilslehre noch eine weitere Qualität ein, nämlich c) die unendlichen (limitativen) Urteile: S ist nicht-P. Kant nennt als Beispiel für ein unendliches Urteil den Satz „Die Seele ist nicht-sterblich" (KrV B 97). Dieser Satz unterscheidet sich von dem negativen Urteil „Die Seele ist nicht sterblich" dadurch, dass der Seele im bejahenden Sinne ein Prädikat zugeschrieben wird, wobei dieser Begriff als Gegenbegriff zum Prädikat „sterblich" definiert wird, „indem ich die Seele in den unbeschränkten Umfang der nichtsterbenden Wesen setze" (Kant, ebd.). Der Begriff der nicht-sterblichen Wesen hat einen unendlichen Umfang. Der so erklärte Unterschied zwischen unendlichen Urteilen und negativen Urteilen ist von anderen Philosophen zu Recht kritisiert worden, da die Sätze „S ist nicht-P" und „S ist nicht P" logisch äquivalent sind. Lotze bezweifelt, dass es sich bei Ausdrücken wie z.B. „Nicht-Mensch" überhaupt um Begriffe handelt: „sie sind nicht einmal Vorstellungen, die sich fassen ließen" (Lotze: Logik, S. 61).

Wir werden die Kant'sche Urteilslehre nicht übernehmen und lassen nur zwei Quantitäten und Qualitäten zu. Somit gibt es vier Urteilsarten, die jeweils durch einen Vokal gekennzeichnet werden: A steht für universell positive Urteile, E für universell negative Urteile, I für partikulär positive und O für partikulär negative Urteile. Es gilt die *Merkregel*: „Das A bejahet allgemein; das E, das sagt zu allem Nein. Das I sagt ja, doch nicht zu allem; so lässt auch O das Nein erschallen."

1. universell positives Urteil (**A**):
S a P = Alle S sind P. = $\forall x\,(S(x) \rightarrow P(x))$

Beispiel: Alle Menschen sind sterblich. = Für alle x gilt: Wenn x ein Mensch ist, dann ist x sterblich. = $\forall x\,(M(x) \rightarrow S(x))$

Beachte: Der Satz „Alle Menschen sind sterblich" setzt implizit voraus, dass es überhaupt Menschen gibt, da sonst der Satz keinen Sinn hätte. In der Formalisierung $\forall x\,(M(x) \rightarrow S(x))$ kommt dies nicht zum Ausdruck. Die Aussage $\forall x\ (M(x) \rightarrow S(x))$ kann auch dann wahr sein, wenn es kein x mit M(x) gibt. (Man denke dabei an die Paradoxie der Implikation!) Um eine Übereinstimmung der Formalisierung mit ihrer sprachlichen Bedeutung herzustellen, muss man universell positive Urteile der Form „Alle S sind P" so formalisieren: $\forall x\ (S(x) \rightarrow P(x)) \wedge \exists x\ S(x)$. Ohne die Existenzaussage $\exists x\ S(x)$ könnte man aus dem universellen Urteil „Alle Menschen sind sterblich" keine partikulären Urteile herleiten wie „Einige Menschen sind sterblich".

2. universell negatives Urteil (**E**):
SeP = Kein S ist P. = Alle S sind nicht-P. = $\forall x\ (S(x) \rightarrow \neg P(x))$
Beispiel: Kein Vogel ist ein Säugetier. = Für alle x gilt: Wenn x ein Vogel ist, dann ist x kein Säugetier. = $\forall x\ (V(x) \rightarrow \neg S(x))$

3. partikulär positives Urteil (**I**):
SiP = Einige S sind P. = $\exists x\ (S(x) \wedge P(x))$
Beispiel: Einige Menschen sind Brillenträger. = Es gibt ein (oder mehrere) x, so dass gilt: x ist ein Mensch und x ist Brillenträger. = $\exists x\ (M(x) \wedge B(x))$

4. partikulär negatives Urteil (**O**):
SoP = Einige S sind nicht P. = $\exists x\ (S(x) \wedge \neg P(x))$
Beispiel: Einige Philosophen sind nicht langweilig. = Es gibt ein (oder mehrere) x, für die gilt: x ist ein Philosoph und x ist nicht langweilig. = $\exists x\ (P(x) \wedge \neg L(x))$

		Qualität	
		positiv	negativ
Quantität	universell	**A**	**E**
	partikulär	**I**	**O**
		„affirmo"	**„nego"**

Beispiele für die *Verneinung der Urteile*:

- Es stimmt nicht, dass alle Philosophen langweilig sind.
  = Einige Philosophen sind nicht langweilig.
- Alle Schotten sind sparsam.
  = Es gibt keinen Schotten, der nicht spart.
- Alle Planeten kreisen um die Sonne.
  = Es gibt keinen Planeten, der nicht um die Sonne kreist.

Regel: $\neg$ S a P = S o P

Beweis: $\neg$ S a P $= \neg\, \forall x\, (S(x) \rightarrow P(x)) = \neg\, \forall x\, (\neg S(x) \vee P(x))$
$= \exists x\, \neg(\neg S(x) \vee P(x)) = \exists x\, (S(x) \wedge \neg P(x)) =$ S o P

- Es gibt keine lila Kühe. = Keine Kuh ist lila.
  = Es stimmt nicht, dass es lila Kühe gibt.
- Manchmal schmeckt das Mensaessen gut.
  = Nicht immer schmeckt das Mensaessen schlecht.

Regel: $\neg$ S e P = S i P

Beweis: $\neg$ S e P $= \neg\forall x\, (S(x) \rightarrow \neg P(x)) = \exists x\, (S(x) \wedge P(x)) =$ S i P

Logisches Quadrat der Gegensätze:

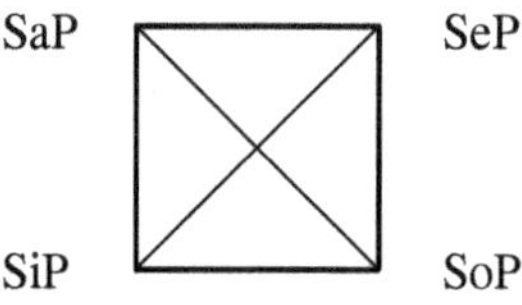

Die Urteilsarten A und O, sowie E und I stehen zueinander in einem *kontradiktorischen Gegensatz*. Die Aussagen S a P und S e P sind *konträre Gegensätze*: sie können nicht zugleich wahr, wohl aber zugleich falsch sein. Die Urteile S i P und S o P stehen in einem *subkonträren* Verhältnis: sie können zugleich wahr, nicht aber zugleich falsch sein.

S i P folgt aus S a P; ebenso kann aus S e P die Aussage S o P gefolgert werden (*Subalternation*): (1) S a P $\rightarrow$ S i P
(2) S e P $\rightarrow$ S o P

Beispiel: Aus „Alle Katzen sind Tiere“ folgt: „Einige Katzen sind Tiere“.

Beweis für (1):

1. $\forall x\ (S(x) \rightarrow P(x))\ \wedge\ \exists x\ S(x)$ — Prämisse
2. $\exists x\ S(x)$ — KB aus 1.
3. $S(a)$ — ∃B aus 2.
4. $\forall x\ (S(x) \rightarrow P(x))$ — KB aus 1.
5. $S(a) \rightarrow P(a)$ — ∀B aus 4.
6. $P(a)$ — MP aus 3. und 5.
7. $S(a) \wedge P(a)$ — KE aus 3. und 6.
8. $\exists x\ (S(x) \wedge P(x))$ — ∃E aus 7.

Der Beweis von (2) erfolgt analog.

Beispiel: Man beweise die Gültigkeit des Schlusses

Alle Menschen sind sterblich.
Sokrates ist ein Mensch.
____
Also ist Sokrates sterblich.

Beweis:

$M(x)$ = x ist ein Mensch, $S(x)$ = x ist sterblich, s = Sokrates

1. $\forall x\ (M(x) \rightarrow S(x))$ — Prämisse
2. $M(s)$ — Prämisse
3. $M(s) \rightarrow S(s)$ — ∀B aus 1.
4. $S(s)$ — MP aus 2. und 3.

Äquipollenzgesetze: Bei einem Urteil verändert sich die Qualität, wenn man das Prädikat negiert. Es gilt: $SaP = Se\overline{P}$ bzw. $Sa\overline{P} = SeP$ und $SiP = So\overline{P}$ bzw. $Si\overline{P} = SoP$.

Transformation von Urteilen:

Konversion (conversio) = Vertauschung der Prädikate: $SfP \rightarrow PfS$

Konversionsgesetze: $SeP = PeS$, $SiP = PiS$

Kontraposition (contrapositio) = Vertauschung und Negation der Prädikate: $SfP \rightarrow \overline{P}f\overline{S}$

Umkehrungsgesetze: $SaP = \overline{P}a\overline{S} = \overline{P}eS$, $SoP = \overline{P}o\overline{S} = \overline{P}iS$

Inversion = Negation der Prädikate: $SfP \rightarrow \overline{S}f\overline{P}$

6.2 Die Rabenparadoxie von Hempel

Wir haben bereits in Kap. 4.1 festgestellt, dass allgemeine Aussagen wie z.B. die Hypothese H: „Alle Raben sind schwarz" nur durch induktive Schlüsse aus Einzelbeobachtungen gefolgert werden können. D.h. man bestätigt die Hypothese H durch einen Beobachtungssatz wie B_1: „Einige Raben sind schwarz". Dieses partikuläre Urteil stellt einen Spezialfall der Hypothese H dar und kann deduktiv aus ihr abgeleitet werden. Jede Verifikation einer empirischen Allaussage geschieht durch den Nachweis, dass die Behauptung in einer genügend großen Zahl von Einzelfällen zutrifft, sofern keine Gegenbeispiele gefunden werden. Man sagt, eine Beobachtung B *bestätigt* eine Hypothese H, wenn die Implikation H $\to$ B (Aus H folgt B) gilt. Je mehr beobachtete Fälle es gibt, desto höher ist der *Grad der Bestätigung*.

Wir betrachten die Hypothese

H: Alle Raben sind schwarz. = $\forall x\ (R(x) \to S(x))$ = R a S

Um diese Hypothese zu verifizieren, untersucht man verschiedene Raben. Jeder gefundene schwarze Rabe bestätigt unsere Annahme. Denn jede Beobachtung der Form

B_1: Einige Raben sind schwarz. = $\exists x\ (R(x) \wedge S(x))$ = R i S

kann aus der Hypothese H logisch abgeleitet werden: H $\to$ B_1. Ein einziger nicht-schwarzer Rabe würde unsere Hypothese falsifizieren, denn der Satz „Es gibt einen nicht-schwarzen Raben" steht im Widerspruch zu H.

Der Wissenschaftstheoretiker Carl Gustav Hempel konnte überraschenderweise zeigen, dass auch der Satz

B_2: Ein Nichtrabe ist nicht schwarz.

(z.B. „Diese Taube ist weiß" oder „Dieses Auto ist rot"), obwohl er überhaupt nichts mit Raben zu tun hat, die Hypothese H bestätigt, denn es gilt: H $\to$ B_2. Der *Beweis* geht wie folgt:

Die Hypothese H: „Alle Raben sind schwarz" kann auch so formuliert werden: „Alle nichtschwarzen Dinge sind Nicht-Raben" = $\forall x\ (\neg S(x) \to \neg R(x))$ = $\overline{S}$ a $\overline{R}$. Beide Formulierungen sind logisch äquivalent (Umkehrungsgesetz). Aus diesem universellen Urteil kann das partikuläre Urteil

B_2: Es gibt ein nichtschwarzes Ding, das ein Nicht-Rabe ist.

abgeleitet werden. Denn aus $\overline{S}$ a $\overline{R}$ folgt $\overline{S}$ i $\overline{R}$. Dies ist äquivalent zu

B_2: Es gibt ein Nicht-Rabe, der nicht schwarz ist.
$= \exists x\, (\neg R(x) \wedge \neg S(x)) = \bar{R}\, i\, \bar{S}$

Also gilt H → B_2 und damit bestätigt jede Beobachtung eines Dings, das weder Rabe noch schwarz ist, unsere Rabenhypothese.

Folgt man der Überlegung Hempels, dann gibt es zwei Strategien zur Bestätigung der Hypothese H: „Alle Raben sind schwarz": Die erste Strategie besteht in der Beobachtung schwarzer Raben. Jeder schwarze Rabe bestätigt die Hypothese H. Die zweite, alternative Strategie besteht darin, nichtschwarze Nicht-Raben zu beobachten. Welche Strategie ist besser? In einer Welt, in der die Menge von schwarzen Raben im Vergleich zur Menge der nichtschwarzen Nicht-Raben relativ klein ist, erwarten wir einen hohen Bestätigungsgrad durch die Verfolgung der 1. Strategie. Zwar würde eine weiße Taube oder ein rotes Auto ebenfalls die Hypothese H bestätigen, aber der dadurch erzielte Bestätigungsgrad wäre vergleichsweise gering. Dieses Verhältnis kehrt sich allerdings um, wenn es sehr viel mehr schwarze Raben als nichtschwarze Nicht-Raben gäbe. Dann wäre es in der Tat effektiver, die 2. Strategie zu wählen und sich gezielt auf die Suche nach nichtschwarzen Nicht-Raben zu begeben.

Betrachten wir hierzu ein anderes *Beispiel*: Angenommen, wir wollten die Hypothese H: „Kein Bildzeitungsleser ist Nobelpreisträger" überprüfen. Da es sehr viel mehr Bildzeitungsleser als Nobelpreisträger gibt, wäre es viel zu aufwändig, eine Umfrage unter Bildzeitungslesern durchzuführen, ob sie einen Nobelpreis besitzen. Hier wäre es wesentlich einfacher, die wenigen Nobelpreisträger zu fragen, ob sie regelmäßig die Bildzeitung lesen. Wenn 30 Nobelpreisträger angeben, dass sie keine Bildzeitung lesen, ist der Bestätigungsgrad für die Hypothese H höher als wenn 30 Bildzeitungsleser angeben, dass sie keine Nobelpreisträger sind. Dieses Beispiel zeigt, dass die 2. Strategie keineswegs so paradox ist wie sie zunächst erscheinen mag. Die Rabenparadoxie ist daher gar nicht so widersinnig.

Allerdings kann man aus der Rabenparadoxie auch die Schlussfolgerung ziehen, dass die *Falsifikation*, d.h. die Widerlegung einer Aussage durch Gegenbeispiele, ein besseres Instrument zur Überprüfung universeller Urteile darstellt als die *Verifikation* (Nachweis der Wahrheit einer Aussage): Universelle Urteile sind nämlich falsifizierbar, aber nicht verifizierbar. Umgekehrt sind partikuläre Urteile verifizierbar, aber nicht falsifizierbar.

6.3 Syllogismen

Syllogismen sind logische Schlüsse, die aus zwei Prämissen und einer Konklusion bestehen, wobei Prämissen und Konklusion die Form von Urteilen haben.

Schopenhauer schreibt über die syllogistischen Schlüsse: „Ein Schluss ist die Operation unserer Vernunft, vermöge welcher aus zwei Urteilen durch Vergleichung derselben ein drittes entsteht, ohne dass dabei irgend anderweitige Erkenntnis zu Hilfe genommen würde. Die Bedingung hierzu ist, dass zwei solche Urteile einen Begriff gemein haben: denn sonst sind sie sich fremd und ohne alle Gemeinschaft."

„Das Wesen des Schlusses besteht darin, dass aus dem Verhältnis eines Begriffs zu zwei anderen das Verhältnis dieser beiden zueinander notwendig hervorgeht, indem es eigentlich in jenem ersten Verhältnis schon mitgedacht war, jedoch nicht ausdrücklich und deutlich; durch den Schluss wird es aber deutlich hervorgehoben zu dieser Ausdrücklichkeit und Deutlichkeit."

Beispiel: U_1: Alle Philosophen sind verrückt.
U_2: Einige Menschen sind Philosophen.

U_3: Einige Menschen sind verrückt.

Der Schluss hat die Form: $U_1 \wedge U_2 \rightarrow U_3$.

U_1 (Urteil 1) = 1.Prämisse = Obersatz (maior)
U_2 (Urteil 2) = 2.Prämisse = Untersatz (minor)
U_3 (Urteil 3) = Konklusion (conclusio)

Alle Urteile haben die Form $U = P_1 \text{ f } P_2$. P_1 und P_2 sind Prädikate, f bezeichnet die Urteilsform: f = a, e, i oder o. Bei den Prämissen müssen zwei Prädikate gleich sein, da man sonst keine Schlussfolgerung ziehen kann. Wir haben es also insgesamt mit drei Begriffen zu tun, von denen zwei Verhältnisse bekannt sind (Prämissen) und das dritte Verhältnis (Konklusion) erschlossen werden soll. Man nennt das verbindende Prädikat, das in beiden Prämissen vorkommt, den *Mittelbegriff* M (terminus medius). Die anderen Begriffe heißen *Subjekt* S (Unterbegriff, terminus minor) und *Prädikat* P (Oberbegriff, terminus maior). Es gibt vier verschiedene Stellungen der drei Begriffe in den Prämissen. Jeder Stellung entspricht eine Figur.

1. Figur	2. Figur	3. Figur	4. Figur
M f_1 P	P f_1 M	M f_1 P	P f_1 M
S f_2 M	S f_2 M	M f_2 S	M f_2 S
S f_3 P	S f_3 P	S f_3 P	S f_3 P

In jeder Figur lassen sich syllogistische Schlüsse bilden. Man nennt sie Modi. Jeder Modus wird durch die Reihenfolge seiner Urteilsarten (f_1 - f_2 - f_3) charakterisiert. Diese wird durch drei Vokale ausgedrückt, je nachdem, welche Urteile vorkommen (z.B. e–i–o). Damit man sich die verschiedenen Modi leichter merken kann, gibt man jedem Syllogismus einen Namen: ein dreisilbiges Wort, in dem die drei Vokale der Urteile in der richtigen Reihenfolge vorkommen, z.B. „**Ferio**".

In unserem Beispiel (siehe oben) ist der Mittelbegriff „Philosoph", Subjekt (Unterbegriff) ist „Mensch", Prädikat (Oberbegriff) ist „verrückt". Damit besitzt der Schluss die Form

$$\frac{\begin{array}{c}M\ f_1\ P\\ S\ f_2\ M\end{array}}{S\ f_3\ P.}$$

Es liegt also ein Schluss der *1. Figur* vor. Die Art des Schlusses bestimmt man, indem man die Urteilsarten analysiert: Der Obersatz „Alle Philosophen sind verrückt" ist ein universell positives Urteil (a). Der Untersatz „Einige Menschen sind Philosophen" ist ein partikulär positives Urteil (i). Die Konklusion „Einige Menschen sind verrückt" ist ebenfalls ein partikulär positives Urteil (i). Die Vokalfolge lautet somit a–i–i. Der Schluss heißt *Modus Darii*.

Die Gültigkeit des Schlusses kann mit Hilfe des Kalküls des natürlichen Schließens bewiesen werden:

1.	$\forall x\ (M(x) \rightarrow P(x))$	Prämisse
2.	$\exists x\ (S(x) \wedge M(x))$	Prämisse
3.	$S(u) \wedge M(u)$	∃B aus 2.
4.	$M(u)$	KB aus 3.
5.	$M(u) \rightarrow P(u)$	∀B aus 1.
6.	$P(u)$	MP aus 4. und 5.
7.	$S(u)$	KB aus 3.
8.	$S(u) \wedge P(u)$	KE aus 6. und 7.
9.	$\exists x\ (S(x) \wedge P(x))$	∃E aus 8.

In der folgenden Übersicht sind alle gültigen syllogistischen Schlüsse aufgeführt.

Schlüsse der 1. Figur

1. Modus Barbara (AAA): $M a P \wedge S a M \rightarrow S a P$

Bsp. Alle Menschen sind sterblich. M a P
Alle Griechen sind Menschen. S a M
Alle Griechen sind sterblich. S a P

2. Modus Celarent (EAE):

Bsp. Kein Mensch ist vollkommen. M e P
Alle Studenten sind Menschen. S a M
Kein Student ist vollkommen. S e P

Bemerkung: Der Modus Celarent folgt aus dem Modus Barbara, wenn man das Prädikat P durch seine Negation ersetzt (Äquipollenzgesetz).

3. Modus Darii (AII):

Bsp. Alle Philosophen sind verrückt. M a P
Einige Menschen sind Philosophen. S i M
Einige Menschen sind verrückt. S i P

4. Modus Ferio (EIO):

Bsp. Kein Raucher lebt gesund. M e P
Einige Jugendliche sind Raucher. S i M
Einige Jugendliche leben nicht gesund. S o P

Aus der Urteilslehre wissen wir, dass aus einem unversellen Urteil ein partikuläres Urteil gefolgert werden kann, d.h. aus SaP folgt SiP. Daher können wir die Konklusion des Schlusses Modus Barbara abschwächen und erhalten so einen neuen Schluss:

5. Modus Barbari (AAI): $M a P \wedge S a M \rightarrow S i P$

Bsp. Alle Unternehmer werden zur Gewerbesteuer veranlagt.
Alle Gastwirte sind Unternehmer.
Also werden zumindest einige Gastwirte zur Gewerbesteuer veranlagt.

Ebenso kann man den Modus Celarent abschwächen: Aus S e P folgt S o P:

6. Modus Celaront (EAO): $M e P \wedge S a M \rightarrow S o P$

Falsche Schlüsse der 1.Figur erkennt man an den Prämissenfolgen a–o, e–o, i–a und o–a. (Merkregel: D**a**v**o**n j**e**d**o**ch n**i**em**a**ls f**o**lgt w**a**s.)

Schlüsse der 2. Figur

7. Modus Cesare (EAE):

Bsp.	Kein Dreieck ist rund.	P e M
	Alle Kreise sind rund.	$\underline{S\ a\ M}$
	Kein Kreis ist ein Dreieck.	S e P

8. Modus Camestres (AEE):

Bsp.	Alle Politiker streben nach Macht.	P a M
	Kein Philosoph strebt nach Macht.	$\underline{S\ e\ M}$
	Kein Philosoph ist Politiker.	S e P

9. Modus Festino (EIO):

Bsp.	Kein Autofahrer ist blind.	P e M
	Einige Raucher sind blind.	$\underline{S\ i\ M}$
	Einige Raucher sind keine Autofahrer.	S o P

10. Modus Baroco (AOO):

Bsp.	Alle Spatzen sind frech.	P a M
	Einige Vögel sind nicht frech.	$\underline{S\ o\ M}$
	Einige Vögel sind keine Spatzen.	S o P

Abgeschwächte Modi der 2. Figur:

11. Modus Cesaro (EAO): $P e M \wedge S a M \rightarrow S o P$

12. Modus Camestrop (AEO):

Bsp.	Alle Vögel sind Wirbeltiere.	P a M
	Kein Insekt ist ein Wirbeltier.	$\underline{S\ e\ M}$
	Einige Insekten sind keine Vögel.	S o P

Schlüsse der 3. Figur

13. Modus Darapti (AAI): $MaP \wedge MaS \rightarrow SiP$

14. Modus Disamis (IAI):

Bsp. Einige Sterne sind Fixsterne. M i P
Alle Sterne sind Himmelskörper. M a S
Einige Himmelskörper sind Fixsterne. S i P

15. Modus Datisi (AII): $MaP \wedge MiS \rightarrow SiP$

16. Modus Felapton (EAO):

Bsp. Kein Tier ist vernünftig. M e P
Alle Tiere sind Sinneswesen. M a S
Einige Sinneswesen sind nicht vernünftig. S o P

17. Modus Ferison (EIO): $MeP \wedge MiS \rightarrow SoP$

18. Modus Bocardo (OAO):

Bsp. Einige Philosophen sind keine Dichter. M o P
Alle Philosophen sind Denker. M a S
Einige Denker sind keine Dichter. S o P

Schlüsse der 4. Figur

19. Modus Bamalip (AAI):

Bsp. Alle Autofahrer zahlen Steuern. P a M
Alle Steuerzahler sind unglücklich. M a S
Einige Unglückliche sind Autofahrer. S i P

20. Modus Camenes (AEE): $PaM \wedge MeS \rightarrow SeP$

21. Modus Fesapo (EAO): $PeM \wedge MaS \rightarrow SoP$

22. Modus Dimatis (IAI): $PiM \wedge MaS \rightarrow SiP$

23. Modus Fresison (EIO): $PeM \wedge MiS \rightarrow SoP$

24. Modus Camenop (AEO): $P\,a\,M \wedge M\,e\,S \rightarrow S\,o\,P$
(Abschwächung von Modus Camenes)

Regeln:

1. Mindestens eine der Prämissen muss ein universelles Urteil sein. Sind beide Prämissen partikulär, dann gibt es keinen Schluss. (Ex meris particularibus nihil sequitur.)
2. Aus zwei negativen Prämissen (e–e, e–o, o–e, o–o) kann man nichts schließen. (Ex meris negativis nihil sequitur.)
3. Wenn eine Prämisse negativ ist, dann muss auch der Schlusssatz negativ sein; wenn eine Prämisse partikulär ist, dann muss auch der Schlusssatz partikulär sein. (Conclusio sequitur peiorem partem. = Der Schlusssatz folgt dem schwächeren Teil.)
4. Zwei affirmative Prämissen können keinen negativen Schluss ergeben.
5. *Inversionsregel*: Ein Syllogismus bleibt gültig, wenn beide Prämissen und der Schlusssatz zugleich durch ihre Inversen ersetzt werden: $\overline{M}\, f_1\, \overline{P} \wedge \overline{S}\, f_2\, \overline{M} \rightarrow \overline{S}\, f_3\, \overline{P}$.
6. Ein Syllogismus der 1.Figur bleibt gültig, wenn man folgende Operationen anwendet:

a) Das Prädikat des Obersatzes und das Prädikat des Schlusssatzes dürfen gleichzeitig verneint werden: $M\, f_1\, \overline{P} \wedge S\, f_2\, M \rightarrow S\, f_3\, \overline{P}$.

b) Das Subjekt des Untersatzes und das Subjekt des Schlusssatzes dürfen gleichzeitig verneint werden: $M\, f_1\, P \wedge \overline{S}\, f_2\, M \rightarrow \overline{S}\, f_3\, P$.

c) Man darf die Operationen a) und b) auch gleichzeitig anwenden:
$M\, f_1\, \overline{P} \wedge \overline{S}\, f_2\, M \rightarrow \overline{S}\, f_3\, \overline{P}$.

Man kann alle Syllogismen der 2., 3. und 4. Figur aus den Syllogismen der 1. Figur ableiten. Dabei gilt die folgende Merkregel: Die Anfangsbuchstaben der Modi geben an, auf welchen Modus der 1. Figur sie zurückgeführt werden können.

1. Beispiel: Der Modus Camestres (2. Figur) kann aus dem Modus Celarent (1.Figur) hergeleitet werden. Der Modus Camestres hat die Form

$$\begin{array}{l} M\,e\,P \\ \underline{S\,a\,M} \\ S\,e\,P \end{array}$$

1. Schritt: Wir vertauschen Subjekt und Prädikat, womit gleichzeitig die Reihenfolge der Prämissen vertauscht wird. Aus S wird P und umgekehrt.

$$\begin{array}{ccccc} M\,e\,P & & M\,e\,S & & P\,a\,M \\ \underline{S\,a\,M} & \longrightarrow & \underline{P\,a\,M} & \longrightarrow & \underline{M\,e\,S} \\ S\,e\,P & & P\,e\,S & & P\,e\,S \end{array}$$

2. Schritt: Die zweite Prämisse und die Konklusion werden konvertiert (conversio simplex). Es gilt: $M\,e\,S = S\,e\,M$ und $P\,e\,S = S\,e\,P$. Damit erhalten wir den Schluss

$$\begin{array}{c} P\,a\,M \\ \underline{S\,e\,M} \\ S\,e\,P \end{array}$$

Das ist der Modus Camestres.

2. Beispiel: Wir leiten den Modus **B**amalip (4.Figur) aus dem Modus **B**arbara (1.Figur) her. Modus Barbara:

$$\begin{array}{c} M\,a\,P \\ \underline{S\,a\,M} \\ S\,a\,P \end{array}$$

1. Schritt: Vertauschung von Subjekt und Prädikat

$$\begin{array}{ccccc} M\,a\,P & & M\,a\,S & & P\,a\,M \\ \underline{S\,a\,M} & \longrightarrow & \underline{P\,a\,M} & \longrightarrow & \underline{M\,a\,S} \\ S\,a\,P & & P\,a\,S & & P\,a\,S \end{array}$$

2. Schritt: Subalternation (Abschwächung) der Konklusion
Aus $P\,a\,S$ folgt $P\,i\,S$. Daraus folgt der Schluss

$$\begin{array}{c} P\,a\,M \\ \underline{M\,a\,S} \\ P\,i\,S \end{array}$$

3. Schritt: Konversion der Konklusion

$$\begin{array}{c} P\,a\,M \\ \underline{M\,a\,S} \\ S\,i\,P \end{array}$$

Das ist der Modus Bamalip.

3. Beispiel: Der Modus **F**elapton (3.Figur) kann aus dem Modus **F**erio (1.Figur) hergeleitet werden. *Beweis*: Gegeben sind die Prämissen des Modus Felapton: $M\,e\,P$ und $M\,a\,S$. Aus der 2.Prämisse folgern wir durch Subalternation den Satz $M\,i\,S$ und durch anschließende Konversion $S\,i\,M$. Damit sehen die Prämissen so aus: $M\,e\,P$ und $S\,i\,M$. Hierauf können wir den Modus Ferio anwenden und den Schlusssatz $S\,o\,P$ ableiten. Damit haben wir den Modus Felapton bewiesen.

Merkregel: Der Name des zu beweisenden Modus enthält einen Hinweis darauf, welche Operationen anzuwenden sind.

- Enthält der Name ein **m** (z.B. Ca**m**estres oder Ba**m**alip), dann sind Subjekt und Prädikat zu vertauschen (**m**utare).
- Enthält der Name ein **s** (z.B. Camestre**s**), dann ist eine Konversion (conversio **s**implex) durchzuführen. Der Vokal vor dem s gibt an, in welchem Urteil die Konversion anzuwenden ist.
- Der Buchstabe **p** deutet an, dass eine Subalternation, gefolgt von einer Konversion (conversio **p**er accidens) durchzuführen ist: z.B. Bamali**p**.
- Enthält der Name ein **c**, so ist der Beweis indirekt (per **c**ontradictionem) zu führen.

4. Beispiel: Herleitung des Modus **B**aroco (2.Figur) aus dem Modus **B**arbara (1.Figur). Zu zeigen ist:

$$\begin{array}{l} P\ a\ M \\ \underline{S\ o\ M} \\ S\ o\ P \end{array} \qquad \text{(Modus Baroco)}$$

Wir nehmen an, der Schluss sei falsch. D.h. wir akzeptieren die Prämissen, aber nicht die Konklusion. Daher nehmen wir an, die Konklusion $S\,o\,P$ sei falsch. Das kontradiktorische Gegenteil von $S\,o\,P$ ist $S\,a\,P$ (siehe logisches Quadrat). Damit haben wir drei Prämissen zur Verfügung: $P\,a\,M$, $S\,o\,M$ und $S\,a\,P$. Aus der 1. Prämisse $P\,a\,M$ und der Annahme $S\,a\,P$ folgt nach dem Modus Barbara die Konklusion $S\,a\,M$. (Man beachte hierbei, dass das Prädikat P als Mittelbegriff behandelt wird und umgekehrt.) Jetzt haben wir einen Widerspruch erzeugt: Die 2. Prämisse $S\,o\,M$ und die Folgerung $S\,a\,M$ stehen im kontradiktorischen Gegensatz. Also muss die Annahme falsch sein, womit der Modus Baroco bewiesen ist.

7. Axiomatik

7.1 Axiome der Aussagenlogik

Die Regeln des natürlichen Schließens machen es möglich, aus wahren Aussagen weitere wahre Aussagen abzuleiten. Dabei muss eine Menge von wahren Aussagen bereits gegeben sein, bevor man daraus neue Wahrheiten folgern kann. Eine solche Menge von als wahr anerkannten elementaren Aussagen, sozusagen die „Grundwahrheiten“ einer Theorie, bezeichnen wir mit A und sprechen von *Axiomen* der Aussagenlogik. Die Menge der Regeln, mit deren Hilfe neue Aussagen aus den Axiomen abgeleitet werden, bezeichnen wir mit R.

Man sagt: Eine Aussage α ist aus einer Menge von Axiomen *ableitbar*, wenn α mit Hilfe logischer Schlussregeln R aus A deduziert werden kann. In Zeichen: $A \vdash \alpha$. Man sagt auch: α ist im System $\mathfrak{A} = \langle A,R \rangle$ *beweisbar*.

Die Axiome A müssen dabei als unbeweisbare Behauptungen angenommen und als unhinterfragbar vorausgesetzt werden. Die Frage nach der Wahrheit der Axiome kann nicht sinnvoll gestellt werden, da ihre Festlegung mehr ein Akt der Konvention darstellt als ein Vorgang intuitiver Einsicht. Diese auf den ersten Blick etwas irritierende Behauptung wird einsichtig, wenn wir beispielsweise Axiomensysteme der Geometrie betrachten. Die geometrischen Axiome definieren implizit eine bestimmte Art von Geometrie, sei es eine ebene euklidische Geometrie (unsere „Alltagsgeometrie“) oder eine gekrümmte nicht-euklidische Geometrie, wobei man hier die Wahl hat zwischen sog. sphärischen und hyperbolischen Geometrien. Der Unterschied zwischen diesen drei Arten von Geometrie wird bei der Berechnung der Winkelsumme im Dreieck augenfällig: In der klassischen euklidischen Geometrie beträgt sie, wie aus der Schule bekannt, 180°, während es bei der nicht-euklidischen Konkurrenz auch mal etwas mehr oder weniger sein darf. Alle drei Geometrie-Typen stehen in der Mathematik gleichberechtigt nebeneinander, keine ist „wahrer“ als die andere und es ist nicht mehr als ein glücklicher Zufall, dass die reale physikalische Welt (zumindest lokal, d.h. in kleinen Raumausschnitten) euklidisch ist. Hier wird auch ein wesentlicher Unterschied zwischen mathematischer bzw. logischer Wahrheit einerseits und physikalischer bzw. empirischer Wahrheit andererseits deutlich: Die Mathematik bedient sich eines formalen Wahrheitsbegriffs, während in der Physik die Wahrheit eine inhaltliche Dimension besitzt. Die euklidische Geometrie mag zwar (innerhalb gewisser Grenzen) physikalisch wahr sein, aber in der Mathematik sind alle geometrischen Theorien „gleich wahr".

Daher haben wir auch in der Logik die Möglichkeit, durch die gezielte Wahl von Axiomen verschiedene Typen der Logik aufzubauen. So können wir uns z.B. überlegen, ob wir das Widerspruchsprinzip als Axiom bzw. als gültigen Satz anerkennen wollen oder ob wir stattdessen an einer mehrwertigen Logik interessiert sind. Da wir uns bisher stets auf die klassische zweiwertige Aussagenlogik beschränkt haben, liegt es nahe, dass wir uns im Folgenden mit solchen Axiomensystemen beschäftigen, aus denen die bekannten logischen Gesetze ableitbar sind. Wir müssen also ein System $\mathfrak{A}$ finden, das mit möglichst wenig Axiomen und der geringsten Zahl von Schlussregeln auskommt, aus dem aber trotzdem alle aussagenlogischen Wahrheiten deduzierbar sind.

Gesetzt den Fall, wir hätten ein solches Axiomensystem gefunden, so möchten wir sicherstellen, dass tatsächlich *alle* gültigen Sätze der Aussagenlogik aus ihm ableitbar sind. Wir verlangen daher von unserem Axiomensystem, dass es vollständig ist.

Definition: Ein Axiomensystem heißt *vollständig*, wenn alle allgemeingültigen Sätze der Theorie aus ihm ableitbar sind.

Diese Maximalforderung mag zwar etwas unrealistisch erscheinen, sie kann aber im Falle der Aussagenlogik erfüllt werden. Dagegen sind zwei weitere Bedingungen leichter einsehbar, da wir sie bisher eigentlich immer stillschweigend vorausgesetzt haben, nämlich die Widerspruchsfreiheit und Unabhängigkeit der Axiome.

Definition: Ein Axiomensystem $\mathfrak{A}$ heißt *widerspruchsfrei*, wenn aus den Axiomen A keine Widersprüche abgeleitet werden können. D.h. es gibt keine Formel α, so dass sowohl $A \vdash \alpha$ als auch $A \vdash \neg\alpha$ gilt.

Ein Axiomensystem $\mathfrak{A}$ heißt *unabhängig*, wenn es nicht möglich ist, ein Axiom (oder dessen Negation) aus den anderen Axiomen abzuleiten.

Das im Folgenden vorgestellte Axiomensystem der Aussagenlogik erfüllt alle drei Forderungen. Es ist widerspruchsfrei, unabhängig und vollständig. Das System $\mathfrak{A}$ besteht aus drei Axiomen und zwei Schlussregeln. Die erste Regel ist der bekannte Modus ponens:

R1 (*Abtrennungsregel*, *Modus ponens*):

Aus $\vdash \alpha$ und $\vdash \alpha \rightarrow \beta$ folgt: $\vdash \beta$.

D.h. liegt in einem Schritt der Deduktion die Formel α vor (als Axiom oder als abgeleiteter Satz) und steht an einer anderen Stelle der Ausdruck $\alpha \rightarrow \beta$, so können wir β als einen neuen Satz anerkennen.

Die zweite wichtige Regel tauchte in unserem Regelkatalog bisher noch nicht auf, von ihr wurde aber schon öfters Gebrauch gemacht.

R2 (*Substitutionsregel*): In jedem Ausdruck darf für jede Variable eine andere Aussagenvariable oder eine andere Aussageform eingesetzt werden. Dabei ist zu beachten, dass eine solche Ersetzung an allen Stellen, wo die Variable auftritt, erfolgen muss. Bei einer Substitution ändert sich der Wahrheitswert der Aussage nicht: wahre Aussagen gehen wieder in wahre Aussagen über. Als Symbol für die Substitution führen wir $A(a|B)$ ein. Das heißt: In der Aussageform A wird die Variable a durch die Aussageform (oder Variable) B ersetzt.

Beispiel zur Substitution: Betrachten wir die Tautologie $p \rightarrow (p \vee q)$ und wenden eine Substitution an. Wir ersetzen p durch $\neg q$ und q durch $(p \rightarrow q)$. Dann erhalten wir als neuen Ausdruck: $\neg q \rightarrow (\neg q \vee (p \rightarrow q))$. Auch diese Aussageform ist eine Tautologie.

Die *Axiome* von $\mathfrak{A}$ lauten:

A1) $p \rightarrow (q \rightarrow p)$

A2) $(p \rightarrow (q \rightarrow r)) \rightarrow ((p \rightarrow q) \rightarrow (p \rightarrow r))$

A3) $(\neg p \rightarrow \neg q) \rightarrow (q \rightarrow p)$

Man kann leicht nachprüfen, dass es sich bei allen drei Axiomen um Tautologien handelt. Das erste Gesetz ist als die Regel der Prämissenvorschaltung bekannt, während das dritte Axiom das Kontrapositionsgesetz darstellt.

Es fällt auf, dass bei allen drei Axiomen nur die Junktoren $\rightarrow$ und $\neg$ vorkommen. Die Axiome wurden also in der Junktorenbasis $\{\neg, \rightarrow\}$ formuliert. Will man neue Junktoren einführen, so geschieht dies durch Definition:

D1) $p \vee q = \neg p \rightarrow q$
D2) $p \wedge q = \neg(\neg p \vee \neg q)$
D3) $p \leftrightarrow q = (p \rightarrow q) \wedge (q \rightarrow p)$

Jetzt haben wir die Grundlagen bereitgestellt, um aus den Axiomen Sätze ableiten zu können. Der erste Satz, den wir beweisen wollen, ist der Satz vom ausgeschlossenen Dritten: $p \vee \neg p$. In der Junktorenbasis $\{\neg, \rightarrow\}$ sieht der Satz so aus: $p \rightarrow p$.

Theorem T1) $p \rightarrow p$

Beweis:
1. $p \rightarrow (q \rightarrow p)$ Axiom A1

Wir wenden die Ersetzungsregel R2 an und ersetzen q durch $(q \rightarrow p)$:

2. $p \rightarrow ((q \rightarrow p) \rightarrow p)$ R2: 1. $(q | q \rightarrow p)$
3. $(p \rightarrow (q \rightarrow r)) \rightarrow ((p \rightarrow q) \rightarrow (p \rightarrow r))$ Axiom A2

Wir ersetzen nun q durch $(q \rightarrow p)$ und r durch p:

4. $(p \rightarrow ((q \rightarrow p) \rightarrow p)) \rightarrow ((p \rightarrow (q \rightarrow p)) \rightarrow (p \rightarrow p))$ R2: 3. $(q | q \rightarrow p;\ r | p)$

Aus 2. und 4. ergibt sich durch Anwendung des Modus ponens:

5. $(p \rightarrow (q \rightarrow p)) \rightarrow (p \rightarrow p)$ R1 aus 2. und 4.

Nun trennen wir den Vordersatz ab und erhalten das Ergebnis:

6. $p \rightarrow p$ R1 aus 1. und 5.

Als einzige Prämissen wurden in dieser Beweisfolge die Axiome A1) und A2) verwendet.

T2) $\neg p \vdash p \rightarrow q$

Beweis:
1. $\neg p$ Prämisse
2. $p \rightarrow (q \rightarrow p)$ A1
3. $\neg p \rightarrow (\neg q \rightarrow \neg p)$ R2 aus 2.
4. $\neg q \rightarrow \neg p$ R1 aus 1. und 3.
5. $(\neg p \rightarrow \neg q) \rightarrow (q \rightarrow p)$ A3
6. $(\neg q \rightarrow \neg p) \rightarrow (p \rightarrow q)$ R2 aus 5.
7. $p \rightarrow q$ R1 aus 4. und 6.

T3) $p \rightarrow (q \rightarrow r) \vdash q \rightarrow (p \rightarrow r)$

Beweis:

1.	$p \to (q \to r)$	Prämisse
2.	$(p \to (q \to r) \to ((p \to q) \to (p \to r))$	A2
3.	$(p \to q) \to (p \to r)$	R1 aus 1. und 2.
4.	$p \to (q \to p)$	A1
5.	$q \to (p \to q)$	R2 aus 4.
6.	$(q \to (p \to q)) \to (q \to (p \to r))$	R2 aus 3.
7.	$q \to (p \to r)$	R1 aus 5. und 6.

T4) $p \to (p \to q) \;\vdash\; p \to q$

Beweis:

1.	$p \to (p \to q)$	Prämisse
2.	$(p \to (q \to r)) \to ((p \to q) \to (p \to r))$	A2
3.	$(p \to (p \to q)) \to ((p \to p) \to (p \to q))$	R2 aus 2.
4.	$(p \to p) \to (p \to q)$	R1 aus 1. und 3.
5.	$p \to p$	T1
6.	$p \to q$	R1 aus 4. und 5.

T5) $\neg\neg p \to p$ oder: $\neg\neg p \vdash p$

Beweis:

1.	$\neg\neg p$	Prämisse
2.	$\neg p \to (p \to q)$	T2
3.	$\neg\neg p \to (\neg p \to \neg\neg\neg p)$	R2 aus 2.
4.	$\neg p \to \neg\neg\neg p$	R1 aus 1. und 3.
5.	$(\neg p \to \neg q) \to (q \to p)$	A3
6.	$(\neg p \to \neg\neg\neg p) \to (\neg\neg p \to p)$	R2 aus 5.
7.	$\neg\neg p \to p$	R1 aus 4. und 6.
8.	p	R1 aus 1. und 7.

T6) $p \to \neg\neg p$

Beweis:

1.	$\neg\neg p \to p$	T5
2.	$\neg\neg\neg p \to \neg p$	R2 aus 1.
3.	$(\neg p \to \neg q) \to (q \to p)$	A3
4.	$(\neg\neg\neg p \to \neg p) \to (p \to \neg\neg p)$	R2 aus 3.
5.	$p \to \neg\neg p$	R1 aus 2. und 4.

7.2 Vollständigkeit und Widerspruchsfreiheit der Aussagenlogik

Wir haben bisher zwei Möglichkeiten kennengelernt, die Wahrheit bzw. Allgemeinheit von Aussageformen zu überprüfen: 1. mit Hilfe von Wahrheitstafeln und 2. durch deduktive Ableitungen aus Axiomen (Beweise). Daraus resultieren zwei Wahrheitsbegriffe:
1. *semantische Wahrheit* = Allgemeingültigkeit aufgrund der Wahrheitstafel. Semantisch wahre Sätze heißen Tautologien.
2. *syntaktische Wahrheit* = Beweisbarkeit im Kalkül
Ein Satz α ist syntaktisch wahr, wenn er durch Regeln R aus Axiomen A abgeleitet werden kann. Syntaktisch wahre Sätze sind Axiome oder Theoreme des Axiomensystems $\mathfrak{A}$.

Der Unterschied zwischen syntaktischer und semantischer Wahrheit war uns bisher nicht bewusst, da wir stets davon ausgingen, dass alle Axiome und Theoreme auch Tautologien sind und umgekehrt. Für uns ist Wahrheit und Beweisbarkeit dasselbe. Dass syntaktische und semantische Wahrheit identisch sind, ist aber keineswegs trivial und bedarf eines exakten Beweises. Wir müssen also beweisen:

1. Jedes Theorem ist eine Tautologie.
2. Jede Tautologie ist ein Theorem.

Satz 1: Jedes Theorem ist eine Tautologie, d.h. aus der syntaktischen Wahrheit folgt die semantische Wahrheit.

Der *Beweis* ist einfach. Zu zeigen ist:
1. Alle Axiome sind semantisch wahr, d.h. Tautologien. Hierzu genügt es, eine Wahrheitstafel für die drei Axiome aufzustellen, um sich von ihrer Allgemeingültigkeit zu überzeugen.
2. Alle Schlussregeln führen semantisch wahre Sätze in semantisch wahre Sätze über. Für die Regel R1 (Modus ponens) ist dies unmittelbar einsichtig: Wenn α und $\alpha \rightarrow \beta$ Tautologien sind, dann ist nach der Wahrheitstafel der Implikation auch β eine Tautologie. Für die Substitutionsregel R2 ist dies auch nicht schwer zu zeigen: Die Substitution laute $A(a|B)$. A ist laut Voraussetzung eine Tautologie, d.h. A ist immer wahr, unabhängig davon, welchen Wahrheitswert man für die Variable a einsetzt. Ersetzt man a durch den Term B, dann kann auch B nur die Werte w oder f annehmen. Da B direkt für a

eingesetzt wurde, nimmt auch die substituierte Formel A(a | B) immer den Wert w an. Q.e.d.

Aus der Kontraposition von Satz 1 folgt: Wenn ein Satz keine Tautologie ist, dann kann er auch nicht aus dem Axiomensystem abgeleitet werden, d.h. aus dem Axiomensystem 𝔄 können keine Widersprüche abgeleitet werden. Damit ist die *Widerspruchsfreiheit* von 𝔄 bewiesen.

Lemma: Das Axiomensystem 𝔄 ist *widerspruchsfrei*.

Satz 2 (Vollständigkeitssatz):
Jede Tautologie ist ein Theorem, d.h. jede Tautologie kann aus dem Axiomensystem abgeleitet werden. Damit ist das Axiomensystem 𝔄 *vollständig*.

Beweisskizze:
T sei eine Tautologie in 𝔄. Zu zeigen ist: A ⊢ T.
1. Wandle T in eine konjunktive Normalform um: T → KNF(T). T und KNF(T) sind syntaktisch äquivalent: T ↔ KNF(T).
2. KNF(T) ist ebenfalls eine Tautologie, d.h. semantisch wahr, weil die verwendeten Schlussregeln wahrheitserhaltend sind.
3. KNF(T) hat die Form $A_1 \wedge A_2 \wedge \ldots \wedge A_n$. Wenn KNF(T) eine Tautologie ist, dann muss auch jedes Konjunktionsglied A_i eine Tautologie sein.
4. Dies kann nur dann der Fall sein, wenn in jedem Konjunktionsglied A_i Terme der Form $\alpha \vee \neg\alpha$ vorkommen.
5. $\alpha \vee \neg\alpha$ ist ein Theorem in 𝔄. ⇒ Daher ist auch jedes Konjunktionsglied A_i von KNF(T) ein Theorem in 𝔄. (Man braucht die fehlenden Disjunktionsglieder von A_i nur durch eine Disjunktionseinführung zu ergänzen.) ⇒ Damit ist auch KNF(T) ein Theorem in 𝔄. (Konjunktionseinführung) ⇒ Weil T und KNF(T) syntaktisch äquivalent sind, muss auch T ein Theorem in 𝔄 sein. Q.e.d.

7.3 Axiome der Prädikatenlogik

Ebenso wie in der Aussagenlogik lässt sich auch die Prädikatenlogik axiomatisieren. Ein Axiomensystem der Prädikatenlogik erhält man, wenn man das System 𝔄 der Aussagenlogik um weitere Axiome und

Regeln ergänzt. Als neues Grundzeichen wird der Existenzquantor $\exists$ eingeführt. Der Allquantor $\forall$ kann dann durch die bekannte Negationsregel $\forall x\ P(x) = \neg\exists x\ \neg P(x)$ definiert werden. Axiome der Prädikatenlogik sind die drei Axiome A1) bis A3) der Aussagenlogik sowie das Axiom der Existenzeinführung:

A4) $P(a) \rightarrow \exists x\ P(x)$.

Zusätzlich zu den Regeln des Modus ponens (R1) und der Substitutionsregel (R2) wird als 3.Regel die Regel der Existenzbeseitigung eingeführt:

R3) $$\frac{\exists x\ P(x)}{P(u)}$$

Die anderen Regeln und Gesetze können aus diesen Axiomen abgeleitet werden.

Dieses prädikatenlogische Axiomensystem bezeichnen wir mit $\mathfrak{P}^1$. Wie Kurt Gödel 1930 zeigte, ist dieses System vollständig. Allerdings ist $\mathfrak{P}^1$ nicht entscheidbar. Eine Aussage A heißt *entscheidbar*, wenn es ein Verfahren (Algorithmus) gibt, mit dem man nach endlich vielen Schritten feststellen kann, ob A wahr oder falsch ist. Analog heißt ein Axiomensystem oder eine Theorie T entscheidbar, wenn jede Aussage A der Theorie T entscheidbar ist. Für die Aussagenlogik ist dies gewährleistet, da man mit Hilfe der Wahrheitswertentwicklung stets nach endlich vielen Schritten entscheiden kann, ob eine Aussage wahr oder falsch ist. In der Prädikatenlogik ist dies nicht mehr möglich, da hier in der Regel über unendliche Mengen quantifiziert wird und der Entscheidungsalgorithmus im allgemeinen nicht mehr endlich ist. Die Prädikatenlogik ist daher unentscheidbar. (Einen exakten Beweis dafür lieferte Alonzo Church 1936.)

Das hier skizzierte Axiomensystem $\mathfrak{P}^1$ umfasst die *Prädikatenlogik 1. Stufe*. In ihr wird über Individuenkonstanten quantifiziert. Es gibt darüber hinaus auch Prädikatenlogiken höherer Stufe. In der *Prädikatenlogik 2. Stufe* kann über Prädikate bzw. Eigenschaften quantifiziert werden. $\exists P$ heißt: Es gibt eine Eigenschaft P, für die gilt … $\forall P$ heißt: Für alle Eigenschaften P gilt … Analog kann auch eine *Prädikatenlogik 3. Stufe* gebildet werden. In ihr kann über Eigenschaften von Eigenschaften quantifiziert werden.

In der Prädikatenlogik 2. Stufe kann die *Identität* von Objekten folgendermaßen erklärt werden: Zwei Objekte x und y sind genau dann identisch, wenn sie alle Eigenschaften gemeinsam haben; d.h.

wenn x die Eigenschaft P hat, so hat auch y diese Eigenschaft und umgekehrt.

$$\forall x \, \forall y \, [x=y \Leftrightarrow \forall P \, (P(x) \leftrightarrow P(y))]$$

Dieses *Indiszernibilienprinzip* (principium identitatis indiscernibilium) geht auf G.W. Leibniz zurück. Er stellte die These auf, dass sich zwei Dinge niemals vollkommen gleichen, da sie sonst im Falle ihrer Ununterscheidbarkeit identisch sein müssten (Monadologie, § 9). Wir können dieses Prinzip entweder als Definition von Identität oder aber als ein Axiom der Prädikatenlogik 2. Stufe auffassen.

Während die Prädikatenlogik 1. Stufe zwar unentscheidbar, aber noch vollständig ist, ist die Prädikatenlogik 2. und höherer Stufe *unvollständig*. Noch schlimmer wird es, wenn wir die Prädikatenlogik zu einer Theorie der natürlichen Zahlen erweitern, um damit einfache Sätze der Arithmetik und Zahlentheorie zu beweisen. Wie Gödel gezeigt hat, ist die Vollständigkeit und Widerspruchsfreiheit eines solchen Axiomensystems nicht mehr so einfach beweisbar. Mit den Gödelschen Theoremen wollen wir uns in Kap. 7.5 ausführlicher beschäftigen. Zuvor führen wir ein Axiomensystem für die natürlichen Zahlen, die sog. Peano-Arithmetik, ein.

7.4 Die Peano-Axiome

Die Menge der natürlichen Zahlen (einschließlich der Zahl 0) kann induktiv durch die sog. Nachfolgerrelation definiert werden. Hierzu wird festgelegt, dass 0 eine natürliche Zahl ist. (Alternativ könnte man auch mit der 1 als kleinster natürlicher Zahl beginnen.) Die Zahl 1 wird dann als „*Nachfolger*“ der Zahl 0 erklärt. Man schreibt: 1=**S**0, wobei **S** (= *successor*) die Nachfolgerbeziehung bezeichnet. Die Zahl 2 ist der Nachfolger der Zahl 1 und damit der 2.Nachfolger der Zahl 0 (=**SS**0) usw. Auf diese Weise lässt sich sukzessiv jede natürliche Zahl n als n-facher Nachfolger der Zahl 0 definieren. Präzise formuliert lauten die *Peano-Axiome* wie folgt:

1. 0 ist eine natürliche Zahl.
2. Zu jeder natürlichen Zahl n gibt es genau einen Nachfolger **S**n, der ebenfalls eine natürliche Zahl ist: $\forall m \in \mathbb{N} \ \exists n \in \mathbb{N}: \ n = \mathbf{S}m$.
3. Es gibt keine natürliche Zahl, deren Nachfolger 0 ist.
   $\neg \exists n \in \mathbb{N}: \ \mathbf{S}n = 0$

4. Die Nachfolger zweier verschiedener natürlicher Zahlen sind verschieden: $\forall m \in \mathbb{N} \ \forall n \in \mathbb{N}: (\mathbf{S}m = \mathbf{S}n \rightarrow m = n)$
5. *Prinzip der vollständigen Induktion*:
   Hat die Zahl 0 die Eigenschaft A und haben alle Nachfolger von m mit der Eigenschaft A ebenfalls die Eigenschaft A, dann haben alle natürlichen Zahlen n diese Eigenschaft.
   $$A(0) \wedge \forall m \in \mathbb{N} \ [A(m) \rightarrow A(\mathbf{S}m)] \ \rightarrow \ \forall n \in \mathbb{N} \ A(n)$$

Das 5. Axiom ist ein abstraktes Beweisprinzip, mit dem man Gesetze, die für alle natürlichen Zahlen gelten, beweisen kann.

Das Axiomensystem, das man mit diesen 5 Axiomen erhält, heißt *Peano-Arithmetik* (PA). Die Peano-Arithmetik umfasst die Aussagenlogik, die Prädikatenlogik 1. Stufe, sowie die 5 Peano-Axiome. Unter Zugrundelegung dieser Axiome kann man auch die Addition und Multiplikation natürlicher Zahlen axiomatisch definieren. Für die *Addition* gelten die Axiome

(A1) $\forall n \in \mathbb{N}: [n + 0 = n]$

(A2) $\forall m \in \mathbb{N} \ \forall n \in \mathbb{N}: [m + \mathbf{S}n = \mathbf{S}(m+n)]$

Für die *Multiplikation* (sie wird mit × bezeichnet) gelten die Axiome

(M1) $\forall n \in \mathbb{N}: [n \times 0 = 0]$

(M2) $\forall m \in \mathbb{N} \ \forall n \in \mathbb{N}: [m \times \mathbf{S}n = (m \times n) + m]$

Mit Hilfe dieser Axiome kann man einfache arithmetische Gesetze beweisen.

1.Beispiel: $3 + 2 = 5$

Beweis: $3 + 2 = \mathbf{SSS}0 + \mathbf{SS}0$

$= \mathbf{S}(\mathbf{SSS}0 + \mathbf{S}0)$ nach (A2)

$= \mathbf{S}(\mathbf{S}(\mathbf{SSS}0 + 0))$ nach (A2)

$= \mathbf{S}(\mathbf{S}(\mathbf{SSS}0))$ nach (A1)

$= \mathbf{SSSSS}0 = 5$ q.e.d.

2.Beispiel: $3 \times 2 = 6$

Beweis: $3 \times 2 = \mathbf{SSS}0 \times \mathbf{SS}0$

$= (\mathbf{SSS}0 \times \mathbf{S}0) + \mathbf{SSS}0$ nach (M2)

$= ((\mathbf{SSS}0 \times 0) + \mathbf{SSS}0) + \mathbf{SSS}0$ nach (M2)

$= (0 + \mathbf{SSS}0) + \mathbf{SSS}0$ nach (M1)

$= \mathbf{SSS}0 + \mathbf{SSS}0$ nach (A1)

$= \mathbf{SSSSSS}0 = 6$ (wird ähnlich wie 1. bewiesen)

7.5 Die Gödelschen Theoreme

Der österreichische Mathematiker Kurt Gödel (1906-1978) bewies 1931 folgende zwei Theoreme:

1. Gödelscher Unvollständigkeitssatz:
Wenn die Peano-Arithmetik PA widerspruchsfrei ist, dann ist sie unvollständig. Und wenn sie vollständig ist, dann ist sie nicht widerspruchsfrei.

2. Gödelscher Unvollständigkeitssatz:
Wenn die Peano-Arithmetik widerspruchsfrei ist, dann kann ihre Widerspruchsfreiheit nicht bewiesen werden. Das heißt, der Satz A: „Die Peano-Arithmetik ist widerspruchsfrei“ ist nicht beweisbar.

Man beachte: Die Gödelschen Theoreme gelten nicht, wie oft irrtümlich angenommen wird, für die Aussagenlogik oder Prädikatenlogik, sondern nur für die Peano-Arithmetik und alle höheren Kalküle, die zumindest die Theorie der natürlichen Zahlen enthalten. Die Aussagenlogik ist nach wie vor vollständig und widerspruchsfrei und wird von den Gödelschen Theoremen nicht tangiert. Und ein weiteres Missverständnis kann an dieser Stelle ebenfalls ausgeräumt werden: Die Gödelschen Theoreme beweisen nicht, dass die Arithmetik unvollständig oder nicht widerspruchsfrei ist. Sie beweisen lediglich eine *relative* Unvollständigkeit: *Wenn* die Arithmetik widerspruchsfrei ist, *dann* ist sie unvollständig, und umgekehrt.

Die Gödelschen Theoreme sind zweifellos zwei philosophisch gehaltvolle und folgenreiche Sätze, die uns die Grenzen des formalistischen Denkens, darüber hinaus sogar die Grenzen unseres Erkenntnisvermögens deutlich machen. Denn wenn die Mathematik tatsächlich widerspruchsfrei ist, dann kann sie nicht vollständig sein. Dies hieße aber: Es gibt wahre Sätze, die nicht beweisbar sind. Wir wären daher niemals in der Lage, *alle* Wahrheiten zu erkennen oder uns Gewissheit über sie zu verschaffen. Der Glaube, dass jedes mathematische Problem lösbar ist, müsste also aufgegeben werden!

Ein vollständiger Beweis der Gödelschen Theoreme kann hier nicht geleistet werden. Stattdessen beschränken wir uns auf eine *Beweisskizze* des 1.Theorems, da hier ein raffinierter Trick angewendet wird, der viele Logiker und Philosophen beeindruckt hat. Gödel konstruierte nämlich einen Satz (wir nennen ihn im folgenden den *Gö-*

delsatz), der von sich selbst behauptet, dass er nicht beweisbar ist. Beweisbarkeitsbehauptungen gehören eigentlich zur Metasprache einer Theorie. Der Gödelsatz kann aber rein objektsprachlich, allein mit den Mitteln der Theorie T, formuliert werden. Damit wird eine paradoxe Selbstreferenz ähnlich der Lügner-Paradoxie erzeugt, bei der Objekt- und Metasprache ineinandergreifen.

Beweis des 1. Gödelschen Theorems (*Beweisskizze*):

Im folgenden sei mit der Theorie **T** die Peano-Arithmetik PA bezeichnet. Gödel ordnete jeder Formel und jedem Beweis in **T** umkehrbar eindeutig eine Zahl (Gödelzahl) zu. Damit können alle (metasprachlichen) Sätze der Theorie **T** in einem arithmetischen Code dargestellt werden. Kennt man die Gödelzahl einer Formel, so kann man daraus die Formel rekonstruieren. Man nennt dieses Codierungsverfahren eine *Gödelisierung*. Ist A eine Formel oder eine Folge von Formeln, dann bezeichnet Göd(A)$\in \mathbb{N}$ ihre Gödelzahl. Die Zuordnung A $\rightarrow$ Göd(A) ist eine umkehrbar eindeutige Abbildung.

Das Verfahren der Gödelisierung wird hier in drei Schritten nachvollzogen: 1. die Gödelisierung der Elementarzeichen der Theorie **T**, 2. die Gödelisierung von Formeln der Theorie **T** und 3. die Gödelisierung von Beweisen der Theorie.

1. Jedem Elementarzeichen wird eine natürliche Zahl zugeordnet:

Zeichen	*Bedeutung*	*Gödelzahl*
$\neg$	Negation	1
$\vee$	Disjunktion	2
$\rightarrow$	Implikation	3
$\exists$	Existenzquantor	4
=	Gleichheitszeichen (Identität)	5
0	Null	6
S	Nachfolger	7
(	Klammerzeichen	8
)	Klammerzeichen	9
,	Komma	10

a) Jeder Zahlenvariablen (x, y, z, ...) wird eine Primzahl, die größer als 10 ist, zugeordnet: $x \to 11$, $y \to 13$, $z \to 17$, ...

b) Jeder Aussagenvariablen (p, q, r, ...) wird das Quadrat einer Primzahl, die größer als 10 ist, zugeordnet:

$$p \to 11^2, \quad q \to 13^2, \quad r \to 17^2, \; \ldots.$$

c) Jeder Prädikatvariablen (P, Q, R, ...) wird die dritte Potenz einer Primzahl, die größer als 10 ist, zugeordnet:

$$P \to 11^3, \quad Q \to 13^3, \quad R \to 17^3, \; \ldots.$$

2. Jeder Formel A wird ein Produkt von Primzahlpotenzen zugeordnet. Die Formel A besteht aus einer Folge von Zeichen Z_k, denen jeweils die Gödelzahl g_k zugeordnet ist. A bekommt die Gödelzahl

$$\text{Göd}(A) = p_1^{g_1} \cdot p_2^{g_2} \cdot \ldots \cdot p_n^{g_n} = \prod_{k=1}^{n} p_k^{g_k}$$

zugewiesen. Dabei bezeichnet p_n die n-te Primzahl: $p_1 = 2$, $p_2 = 3$, $p_3 = 5$, ...

Dieses Verfahren sei an einem *Beispiel* erläutert. Wir betrachten die Formel $A = (\exists x)(x = \mathsf{S}y)$. Sie besagt: Es gibt eine Zahl x, die Nachfolger der Zahl y ist. Die Codierung sieht so aus:

(	∃	x	)	(	x	=	**S**	y	)
↓	↓	↓	↓	↓	↓	↓	↓	↓	↓
8	4	11	9	8	11	5	7	13	9

$$\Rightarrow \text{Göd}(A) = 2^8 \cdot 3^4 \cdot 5^{11} \cdot 7^9 \cdot 11^8 \cdot 13^{11} \cdot 17^5 \cdot 19^7 \cdot 23^{13} \cdot 29^9$$

Die Zuordnung ist *umkehrbar eindeutig*, da jede natürliche Zahl eindeutig in Primfaktoren zerlegt werden kann und daher aus jeder Gödelzahl die zugehörige Formel rekonstruiert werden kann.

3. Jeder *Beweis* ist eine Folge von Formeln A_1, A_2, A_3, A_4, ... Wir ordnen daher jedem Beweis ebenfalls ein Produkt von Primzahlpotenzen zu, so wie wir es unter 2. getan haben:

Formel:	A_1	,	A_2	,	A_3	,	A_4	,	.....
	↓	↓	↓	↓	↓	↓	↓	↓	
Gödelzahl:	g_1	10	g_2	10	g_3	10	g_4	10	.....

Die Gödelzahl des Beweises lautet somit:

$$p_1^{g_1} \cdot p_2^{10} \cdot p_3^{g_2} \cdot p_4^{10} \cdot p_5^{g_3} \cdot p_6^{10} \cdot p_7^{g_4} \cdot p_8^{10} \cdot \; \ldots..$$

(Hier erweist es sich als sinnvoll, dass wir dem Komma eine eigene Gödelzahl zugewiesen haben.)

Damit erhalten wir eine vollständige Arithmetisierung des Kalküls. Wir können sogar innerhalb der Theorie **T** den Satz formulieren, dass eine Formel A beweisbar ist: Die Formel A ist genau dann beweisbar, wenn es eine Gödelzahl des Beweises gibt.

x sei die Gödelzahl des Beweises von A. Wir drücken dies durch „Bew(x, Göd(A))“ aus. Bew(x,y) ist ein zweistelliges Prädikat und bedeutet: x ist die Gödelzahl des Beweises der Formel mit der Gödelzahl y. Die Formel A ist beweisbar genau dann, wenn gilt: $\exists$x Bew(x,Göd(A)). Und umgekehrt gilt: Die Formel A ist *nicht* beweisbar genau dann, wenn gilt: $\neg\exists$x Bew(x, Göd(A)). Wir bezeichnen diese Aussage mit G. G besagt, dass die Aussage A nicht beweisbar ist.

Und nun kommt der entscheidende Trick: Wir setzen für die Aussage A die Behauptung ihrer eigenen Nicht-Beweisbarkeit (G) ein:

$$G = \neg\exists x\ \text{Bew}(x, \text{Göd}(G)).$$

G heißt *Gödelsatz*. G besagt, dass G nicht beweisbar ist.

Mit der Konstruktion des Gödelsatzes ist der wichtigste Teil des Beweises abgeschlossen. Es bleibt nun noch zu zeigen: Wenn **T** vollständig ist, dann ist **T** nicht widerspruchsfrei. Dies ist die Aussage des 1.Gödelschen Theorems. Zum Beweis nehmen wir an, **T** sei vollständig. Unter dieser Annahme ist zu zeigen, dass **T** nicht widerspruchsfrei ist.

Wenn **T** vollständig ist, dann ist jeder wahre Satz in **T** auch beweisbar. Insbesondere gilt: Wenn G wahr ist, dann ist G auch beweisbar. Leider wissen wir nicht, ob G wahr ist. Daher machen wir eine Fallunterscheidung:

1. Fall: G sei wahr. Wenn G wahr und **T** vollständig ist, dann ist G auch beweisbar. Andererseits besagt G aber auch, dass G nicht beweisbar ist. Damit haben wir einen Widerspruch. D.h. **T** ist nicht widerspruchsfrei.

2. Fall: G sei falsch. Wenn G falsch ist, dann ist $\neg$G wahr. Da **T** vollständig ist, folgt daraus, dass $\neg$G beweisbar ist. Andererseits gilt: Wenn G falsch ist, dann ist G beweisbar (nach Definition von G). Damit sind sowohl G als auch $\neg$G beweisbar. D.h. **T** ist nicht widerspruchsfrei. Damit ist der Beweis abgeschlossen.

8. Modallogik

8.1 Modaloperatoren

Die Modallogik stellt eine Erweiterung der Aussagenlogik dar, in der neben der Wahrheit und Falschheit auch Möglichkeit und Notwendigkeit als logische Zustände vorkommen. In der Aussagenlogik können Aussagen immer nur wahr oder falsch sein. Dabei macht es keinen Unterschied, ob eine Aussage nur zufällig oder notwendig wahr ist. *Kontingente Wahrheiten* oder *Tatsachenwahrheiten* sind „zufällig" wahr, weil unsere Welt gerade so beschaffen ist wie sie ist. Kontingente Wahrheiten drücken daher das Sosein der Welt aus. Dagegen gelten *notwendige Wahrheiten* oder *Vernunftwahrheiten* unabhängig von der Beschaffenheit unserer Welt, wie z.B. die logischen oder mathematischen Wahrheiten.

Kontingente Wahrheiten sind z.B. die Sätze „Die Sonne hat 8 Planeten" oder „Richard Nixon hat 1968 die Wahl zum Präsidenten der Vereinigten Staaten von Amerika gewonnen". Diese Aussagen sind nur zufällig wahr, weil unsere Sonne genausogut auch 15 oder gar keine Planeten haben könnte oder weil die Weltgeschichte auch einen anderen Verlauf genommen haben könnte, bei der Nixon nicht zum Präsident gewählt worden wäre. Im Gegensatz dazu sind der Satz „9 ist größer als 7" und der Satz vom ausgeschlossenen Dritten notwendig wahr, unabhängig davon, in welcher Welt wir leben.

Neben notwendigen und kontingenten Wahrheiten gibt es aber auch Aussagen, die faktisch falsch sind, aber wahr sein könnten, wenn die Welt anders aussähe oder die Geschichte anders verlaufen wäre. Solche kontrafaktischen oder kontingent falschen Aussagen sind z.B. die Sätze „Die Sonne hat 7 Planeten" oder „Der Vizepräsident der Vereinigten Staaten heißt Jerry Lewis".

Insgesamt sind also 4 Möglichkeiten denkbar:

1. p ist notwendig wahr.
2. p ist wahr, aber nicht notwendig wahr. = p ist kontingent wahr.
3. p ist falsch, aber nicht notwendig falsch. = p ist kontingent falsch.
4. p ist notwendig falsch, d.h. unmöglich.

Immanuel Kant unterscheidet in der Kritik der reinen Vernunft (B 106) drei modale Kategorien: Möglichkeit, Wirklichkeit und Notwendigkeit. Zur semantischen Interpretation dieser Begriffe gibt es in der Philosophie verschiedene Auffassungen. *Nicolai Hartmann* interpretiert die Grundmodalitäten wie folgt:

1. Notwendigkeit = nicht anders sein können = so sein müssen
2. Wirklichkeit = so und nicht anders sein
3. Möglichkeit = so sein können = nicht anders sein müssen
4. Unmöglichkeit = nicht so sein können = anders sein müssen

Rudolf Carnap gibt in seiner „Logischen Syntax der Sprache" (Wien 1934) den Modalitäten eine syntaktische Deutung:

1. p ist notwendig = p ist analytisch
2. p ist zufällig (kontingent) = p ist synthetisch
3. p ist möglich = p ist widerspruchsfrei (nicht kontradiktorisch)
4. p ist unmöglich = p ist kontradiktorisch (in sich widersprüchlich)

Von *Saul Kripke* stammt die heute weitgehend akzeptierte Interpretation der Modalitäten als Realisierungen in *möglichen Welten*, die teilweise auf Gedanken von *G.W. Leibniz* zurückgeht:

1. p ist notwendig = p ist wahr in allen möglichen Welten
2. p ist wirklich = p ist wahr in unserer Welt
3. p ist möglich = p ist wahr in einer möglichen Welt
4. p ist unmöglich = p ist in keiner möglichen Welt wahr

Es ist nicht ganz klar, was man sich unter einer „möglichen Welt" vorzustellen hat. Nach *David Lewis* sind mögliche Welten eine Art „Parallel-Universen", die sich in irgendeiner Eigenschaft von unserem Universum unterscheiden:

„I advocate a thesis of plurality of worlds, or *modal realism*, which holds that our world is but one world among many. There are countless other worlds, other very inclusive things. Our world consists of us and all our surroundings, however remote in time and space; just as it is one big thing having lesser things as parts, so likewise do other worlds have lesser otherworldly things as parts. The worlds are something like remote planets; except that most of them are much bigger than mere planets, and they are not remote. Neither are they nearby. They are not at any spatial distance whatever from here. They are not far in the past or future, nor for that matter near; they are not at any temporal distance whatever from now. They are isolated: there are no spatiotemporal relations at all between things that belong to different worlds. Nor does anything that happens at one world cause anything to happen at another." (Lewis 1986, S. 2)

Kripke wollte seine Theorie möglicher Welten nicht ontologisch im Sinne eines modalen Realismus verstanden wissen. Mögliche Welten sind für ihn keine Paralleluniversen oder andere Science-Fiction-Fantasiegebilde, sondern lediglich „mögliche Zustände der Welt“ oder „kontrafaktische Situationen“. „Mögliche Welten sind vollständige »Weisen, wie die Welt hätte sein können« oder Zustände oder Geschichten der gesamten Welt.“ (Kripke 1993, S. 26) Kripke illustriert dies an einem Beispiel aus der Wahrscheinlichkeitstheorie: Bei einem Wurf mit einem Würfel sind sechs verschiedene Ausgänge denkbar, davon ist nur ein Ausgang wirklich: Es wird eine 1, 2, 3, 4, 5 oder 6 geworfen. Die sechs möglichen Zustände sind für Kripke sechs mögliche Welten, von denen nur eine Welt wirklich ist.

In der Modallogik behandelt man die Modalitäten nicht wie zusätzliche Wahrheitswerte, neben den zwei bekannten Wahrheitswerten wahr und falsch, sondern man fasst sie als Operatoren auf, die einer Aussage p eine modale Aussage zuordnen. Es gibt zwei Grundoperatoren:

M: Möglichkeit andere Bezeichnungsweise: ◇
N: Notwendigkeit □

Man beachte: Die Modaloperatoren sind nicht wahrheitsfunktional. **M**p und **N**p sind Aussagen und können entweder wahr oder falsch sein, aber die Wahrheitswerte von **M**p und **N**p können nicht aus dem Wahrheitswert von p bestimmt werden. D.h. keine der folgenden Äquivalenzen ist richtig:

$$\mathbf{N}p = p, \quad \mathbf{N}p = \neg p, \quad \mathbf{N}p = p \vee \neg p, \quad \mathbf{N}p = p \wedge \neg p$$

Zwischen den beiden Grundmodalitäten **M** und **N** gelten folgende sprachliche Beziehungen:

Mp = Es ist möglich, dass p. = p ist nicht notwendigerweise falsch. $= \neg\mathbf{N}(\neg p)$

M(¬p) = Es ist möglich, dass nicht-p. = Es ist nicht notwendig, dass p. $= \neg\mathbf{N}p$

¬**M**p = Es ist nicht möglich, dass p. = Es gilt notwendigerweise nicht-p. $= \mathbf{N}(\neg p)$

¬**M**(¬p) = Es ist nicht möglich, dass nicht-p gilt. = Es ist notwendig, dass p. $= \mathbf{N}p$

Daraus leiten sich die beiden *Negationsregeln* $\mathbf{N}(\neg p) = \neg\mathbf{M}p$ und $\mathbf{M}(\neg p) = \neg\mathbf{N}p$ ab.

Das logische Quadrat der Modalitäten:

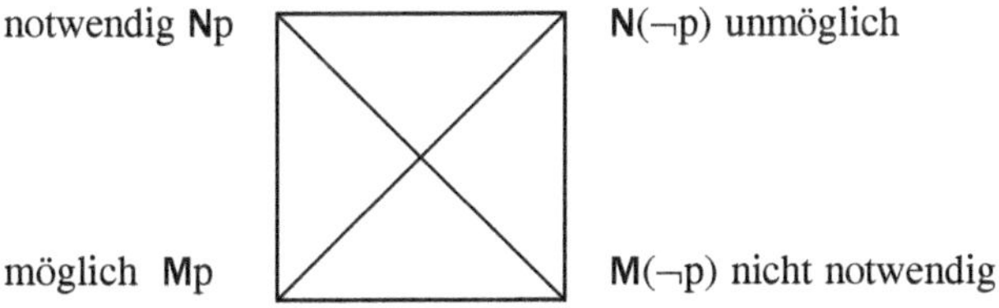

notwendig **N**p — **N**(¬p) unmöglich

möglich **M**p — **M**(¬p) nicht notwendig

- Nichts kann zugleich möglich und unmöglich sein, nichts kann zugleich notwendig und nicht-notwendig sein. Möglichkeit und Unmöglichkeit, Notwendigkeit und Nicht-Notwendigkeit stehen zueinander in einem *kontradiktorischen Gegensatz*.
- Nichts Notwendiges ist unmöglich, nichts Unmögliches ist notwendig, aber es kann der Fall eintreten, dass etwas zugleich nicht notwendig und nicht unmöglich ist. Notwendiges und Unmögliches stehen zueinander in einem *konträren Gegensatz*.
- Etwas kann möglich und nicht-notwendig sein. Mögliches und Nicht-Notwendiges stehen in einem *subkonträren* Verhältnis zueinander. Solche Aussagen, die möglich, aber nicht notwendig sind, nennt man *kontingent* oder *zufällig*: $\mathbf{K}p = \mathbf{M}p \wedge \neg\mathbf{N}p$. (**K** ist der Kontingenzoperator.)
- Aus der Notwendigkeit folgt die Möglichkeit: $\mathbf{N}p \rightarrow \mathbf{M}p$. Wenn p notwendig ist, dann ist p auch möglich. Genau genommen könnte man auch sagen: Was notwendig ist, ist auch wirklich und was wirklich ist, ist auch möglich: $\mathbf{N}p \rightarrow p \rightarrow \mathbf{M}p$.

8.2 Ein Axiomensystem der Modallogik: Das System K

Das System K ist eine Erweiterung der Aussagenlogik, bei der ein weiteres modallogisches Axiom und eine Schlussregel hinzukommen. Das aussagenlogische Axiomensystem sei in der Junktorenbasis $\{\vee, \neg\}$ formuliert. Die anderen Junktoren können durch Definitionen eingeführt werden:

D1) $p \wedge q = \neg(\neg p \vee \neg q)$

D2) $p \rightarrow q = \neg p \vee q$

D3) $p \leftrightarrow q = (p \rightarrow q) \wedge (q \rightarrow p)$

Axiome der Aussagenlogik sind die folgenden 4 Sätze:

A1) $p \vee p \rightarrow p$

A2) $q \rightarrow p \vee q$

A3) $p \vee q \rightarrow q \vee p$

A4) $(q \rightarrow r) \rightarrow ((p \vee q) \rightarrow (p \vee r))$

Die aussagenlogischen Schlussregeln sind

R1) Modus ponens: $\vdash \alpha$ und $\vdash \alpha \rightarrow \beta \;\Rightarrow\; \vdash \beta$

R2) Substitutionsregel

Als modallogischen Grundoperator wählen wir den Notwendigkeitsoperator **N** (Necessitator). Der Möglichkeitsoperator **M** wird durch eine Definition eingeführt:

D4) $\mathbf{M}p = \neg\mathbf{N}(\neg p)$

Damit ist $\mathbf{N}p = \neg\mathbf{M}(\neg p)$.

Als zusätzliches modallogisches Axiom dient der Satz

A5) $\mathbf{N}(p \rightarrow q) \rightarrow (\mathbf{N}p \rightarrow \mathbf{N}q)$

und zusätzliche Schlussregel ist die *Notwendigkeitsregel*

R3) $\dfrac{\alpha}{\mathbf{N}\alpha}$ oder: $\vdash \alpha \;\Rightarrow\; \vdash \mathbf{N}\alpha$

Wenn α ein Theorem in K ist, dann ist auch $\mathbf{N}\alpha$ ein Theorem in K. Man beachte: Dies ist nicht dasselbe wie der Satz $\alpha \rightarrow \mathbf{N}\alpha$, da wir zuvor gewährleisten müssen, dass α allgemeingültig ist.

Damit haben wir die vollständige Beschreibung eines einfachen modallogischen Axiomensystems zusammengestellt. Dieses System bezeichnen wir mit K.

Bevor wir daran gehen, aus den Axiomen Theoreme herzuleiten, müssen wir eine weitere, zusätzliche Schlussregel beweisen:

R4) $\dfrac{\alpha \rightarrow \beta}{\mathbf{N}\alpha \rightarrow \mathbf{N}\beta}$

Beweis:

1.	$\alpha \rightarrow \beta$	Prämisse
2.	$\mathbf{N}(\alpha\rightarrow\beta)$	R3) aus 1.
3.	$\mathbf{N}(\alpha\rightarrow\beta) \rightarrow (\mathbf{N}\alpha \rightarrow \mathbf{N}\beta)$	A5)
4.	$\mathbf{N}\alpha \rightarrow \mathbf{N}\beta$	MP aus 2. und 3.

Damit können wir folgende Theoreme beweisen:

T1) $\mathbf{N}(p \wedge q) \rightarrow \mathbf{N}p$

Beweis: 1. $p \wedge q \rightarrow p$ (Tautologie der Aussagenlogik)
2. $\mathsf{N}(p \wedge q) \rightarrow \mathsf{N}p$ R4) aus 1.

T2) $\mathsf{N}(p \wedge q) \rightarrow (\mathsf{N}p \wedge \mathsf{N}q)$

Beweis: 1. $\mathsf{N}(p \wedge q) \rightarrow \mathsf{N}p$ T1)
2. $p \wedge q \rightarrow q$ Tautologie der Aussagenlogik
3. $\mathsf{N}(p \wedge q) \rightarrow \mathsf{N}q$ R4) aus 2.

In der Aussagenlogik gilt der Schluss

$$\frac{\begin{array}{l} a \rightarrow b \\ a \rightarrow c \end{array}}{a \rightarrow b \wedge c}$$

Setzt man $a = \mathsf{N}(p \wedge q)$, $b = \mathsf{N}p$ und $c = \mathsf{N}q$, dann folgt aus 1. und 3.: 4. $\mathsf{N}(p \wedge q) \rightarrow (\mathsf{N}p \wedge \mathsf{N}q)$

T3) $\mathsf{N}p \wedge \mathsf{N}q \rightarrow \mathsf{N}(p \wedge q)$

Beweis:
1. $p \rightarrow (q \rightarrow p \wedge q)$ Tautologie der Aussagenlogik
2. $\mathsf{N}p \rightarrow \mathsf{N}(q \rightarrow p \wedge q)$ R4) aus 1.
3. $\mathsf{N}(q \rightarrow p \wedge q) \rightarrow (\mathsf{N}q \rightarrow \mathsf{N}(p \wedge q))$ A5), Subst. $p|q$, $q|p{\wedge}q$
4. $\mathsf{N}p \rightarrow (\mathsf{N}q \rightarrow \mathsf{N}(p \wedge q))$ HS aus 2. und 3.
5. $(\mathsf{N}p \rightarrow (\mathsf{N}q \rightarrow \mathsf{N}(p \wedge q))) \rightarrow (\mathsf{N}p \wedge \mathsf{N}q \rightarrow \mathsf{N}(p \wedge q))$

Dies ist das *Exportationsgesetz*: $(a \rightarrow (b \rightarrow c)) \rightarrow (a \wedge b \rightarrow c)$.

6. $\mathsf{N}p \wedge \mathsf{N}q \rightarrow \mathsf{N}(p \wedge q)$ MP aus 4. und 5.

T4) $\mathsf{N}(p \wedge q) = \mathsf{N}p \wedge \mathsf{N}q$ (folgt aus T2 und T3)

T5) $\mathsf{M}(p \vee q) = \mathsf{M}p \vee \mathsf{M}q$

Bew. 1. $\mathsf{N}(a \wedge b) = \mathsf{N}a \wedge \mathsf{N}b$ T4), Substitution $p|a$, $q|b$
2. $\neg\mathsf{M}(\neg(a \wedge b)) = \neg\mathsf{M}(\neg a) \wedge \neg\mathsf{M}(\neg b)$ D4)
3. $\mathsf{M}(\neg a \vee \neg b) = \mathsf{M}(\neg a) \vee \mathsf{M}(\neg b)$ De Morgan, aus 2.
4. $\mathsf{M}(p \vee q) = \mathsf{M}p \vee \mathsf{M}q$ Substitution $a|\neg p$, $b|\neg q$

T6) $\mathsf{N}p \rightarrow \mathsf{N}(p \vee q)$

Bew. 1. $p \rightarrow p \vee q$ Tautologie der Ausagenlogik
2. $\mathsf{N}p \rightarrow \mathsf{N}(p \vee q)$ R4)

T7) $\mathsf{N}p \vee \mathsf{N}q \rightarrow \mathsf{N}(p \vee q)$

Beweis: In der Aussagenlogik gilt der Schluss

$$\frac{\begin{array}{c} a \to c \\ b \to c \end{array}}{a \vee b \to c}$$

Setze $a = \mathsf{N}p$, $b = \mathsf{N}q$ und $c = \mathsf{N}(p \vee q)$ und verwende T6).

T8) $\mathsf{M}(p \wedge q) \to \mathsf{M}p \wedge \mathsf{M}q$ — Beweis als Übung!

T9) $\mathsf{N}(p \vee q) \to \mathsf{M}p \vee \mathsf{N}q$

Bew.
1. $\mathsf{N}(p \to q) \to (\mathsf{N}p \to \mathsf{N}q)$ — A5)
2. $\mathsf{N}(\neg p \to q) \to (\mathsf{N}(\neg p) \to \mathsf{N}q)$ — R2) aus 1.
3. $\mathsf{N}(p \vee q) \to (\neg\mathsf{N}(\neg p) \vee \mathsf{N}q)$ — D2)
4. $\mathsf{N}(p \vee q) \to (\mathsf{M}p \vee \mathsf{N}q)$ — D4)

T10) $\mathsf{N}p \wedge \mathsf{M}q \to \mathsf{M}(p \wedge q)$

Bew.
1. $\mathsf{N}(p \vee q) \to (\mathsf{M}p \vee \mathsf{N}q)$ — T9)
2. $\mathsf{N}(\neg p \vee \neg q) \to (\mathsf{M}(\neg p) \vee \mathsf{N}(\neg q))$ — R2) aus 1.
3. $\mathsf{N}(\neg(p \wedge q)) \to (\neg\mathsf{N}p \vee \neg\mathsf{M}q)$ — De Morgan, D4)
4. $\neg\mathsf{M}(p \wedge q) \to \neg(\mathsf{N}p \wedge \mathsf{M}q)$ — De Morgan, D4)
5. $\mathsf{N}p \wedge \mathsf{M}q \to \mathsf{M}(p \wedge q)$ — Kontraposition, aus 4.

R5) $$\frac{\alpha \to \beta}{\mathsf{M}\alpha \to \mathsf{M}\beta}$$ Beweis als Übung!

Aus R4) und R5) folgen die Regeln

R6) $$\frac{\alpha = \beta}{\mathsf{N}\alpha = \mathsf{N}\beta}$$

R7) $$\frac{\alpha = \beta}{\mathsf{M}\alpha = \mathsf{M}\beta}$$

R8) $$\frac{\alpha}{\mathsf{M}\beta \to \mathsf{M}(\alpha \wedge \beta)}$$

Bew.
1. α — Prämisse
2. $\mathsf{N}\alpha$ — R3)
3. $\mathsf{N}\alpha \wedge \mathsf{M}\beta \to \mathsf{M}(\alpha \wedge \beta)$ — T10)
4. $\mathsf{N}\alpha \to (\mathsf{M}\beta \to \mathsf{M}(\alpha \wedge \beta))$ — Exportationsgesetz
5. $\mathsf{M}\beta \to \mathsf{M}(\alpha \wedge \beta)$ — R1) aus 2. und 4.

8.3 Das System T

Eine Erweiterung von K stellt das System T dar. Das System T erhält man, wenn man zum System K ein weiteres Axiom hinzufügt:

A6) $\mathsf{N}p \to p$ (*Notwendigkeitsaxiom*)
„Was notwendig ist, ist auch wahr."

Da K ein Teilsystem von T ist, sind auch alle Theoreme von K Theoreme von T. Darüber hinaus können wir neue Theoreme beweisen:

T11) $p \to \mathsf{M}p$

Bew. 1. $\mathsf{N}p \to p$ — A6)
2. $\mathsf{N}(\neg p) \to \neg p$ — Substitution (aus 1.)
3. $p \to \neg\mathsf{N}(\neg p)$ — Kontraposition (aus 2.)
4. $p \to \mathsf{M}p$ — D4)

T12) $\mathsf{N}p \to \mathsf{M}p$ (folgt aus A6 und T11)

T13) $(p \to q) \to (p \to \mathsf{M}q)$

Bew. | 1. $p \to q$ — Annahme
| 2. $q \to \mathsf{M}q$ — T11)
| 3. $p \to \mathsf{M}q$ — HS aus 1. und 2.
4. $(p \to q) \to (p \to \mathsf{M}q)$ — IE

T14) $(p \to q) \to (\mathsf{N}p \to q)$ (Beweis analog zu T13)

T15) $(p \to q) \to (\mathsf{N}p \to \mathsf{M}q)$

Bew. 1. $p \to \mathsf{M}p$ — T11)
2. $(p \to q) \to \mathsf{M}(p \to q)$ — Substitution aus 1.
Nach T5) gilt $\mathsf{M}(p \to q) = \mathsf{M}(\neg p \vee q) = \mathsf{M}(\neg p) \vee \mathsf{M}q$ $= \neg\mathsf{N}p \vee \mathsf{M}q = (\mathsf{N}p \to \mathsf{M}q)$. Daraus folgt:
3. $(p \to q) \to (\mathsf{N}p \to \mathsf{M}q)$

Im System T gilt zusätzlich die Schlussregel

R9) $\dfrac{\alpha}{\mathsf{M}\alpha}$ (*Beweis*: folgt aus T11)

8.4 Das System S4

Das System S4 ist eine Erweiterung des Systems T. Es entsteht, wenn man zu den Axiomen von T noch ein weiteres Axiom hinzufügt:

A7) **N**p → **NN**p

(Wenn etwas notwendig ist, dann ist es notwendigerweise notwendig.) Äquivalent dazu ist der Satz

A7') **MM**p → **M**p.

Alle Theoreme von T sind auch Theoreme von S4. Daher gilt in S4 auch das Notwendigkeitsaxiom A6) **N**p → p und damit die Umkehrung von A7): **NN**p → **N**p. Folglich ist auch die Äquivalenz

T16) **N**p = **NN**p

S4-gültig. Ebenso gilt

T17) **M**p = **MM**p.

Durch diese Gesetze können iterierte Modalitäten erzeugt oder umgekehrt auch längere Sequenzen von Modalitäten auf kürzere Sequenzen reduziert werden. Diesem Zweck dienen die folgenden Sätze:

T18) **N**p → **NMN**p

Bew.		
1.	p → **M**p	T11)
2.	**N**p → **MN**p	Substitution aus 1. (p|**N**p)
3.	**NN**p → **NMN**p	R4) aus 2.
4.	**N**p → **NN**p	A7)
5.	**N**p → **NMN**p	HS aus 3. und 4.

T19) **MNM**p → **M**p

Beweis: T19) folgt aus T18) durch Dualisierung (Kontraposition und Ersetzung des Operators **M** durch den Operator **N** und umgekehrt).

T20) **NM**p → **NMNM**p

Bew.		
1.	p → **M**p	T11)
2.	**NM**p → **MNM**p	Sustitution p|**NM**p
3.	**NNM**p → **NMNM**p	R4) aus 2.
4.	**NM**p → **NMNM**p	T16), Subst. p|**NM**p

T21) NMp = NMNMp

Bew. Es genügt, die Umkehrung von T20) zu beweisen:

1. MNMp → Mp T19)
2. NMNMp → NMp R4)

Zusammen mit T20) ergibt sich T21).

T22) MNp = MNMNp (folgt aus T21)

8.5 Das System S5

Das System S 5 entsteht aus dem System T, wenn man zu den Axiomen A1-6) das Axiom A8) hinzufügt:

A8) Mp → NMp

(Wenn p möglich ist, dann ist es notwendig, dass p möglich ist.) Aus dem Notwendigkeitsaxiom A6) folgt auch die Umkehrung NMp → Mp und damit gilt die Äquivalenz

T23) Mp = NMp.

Durch Kontraposition ergibt sich das duale Gegenstück zu A8):

A8') MNp → Np

A8') ist äquivalent zu A8), d.h. wir hätten anstatt A8) auch A8') als Axiom wählen können. Ebenso gilt die Umkehrung und damit

T24) Np = MNp.

In S4 gelten die Äquivalenzen Np = NNp und Mp = MMp. Zusammen mit T23) und T24) kann man damit im System S5 alle iterierten Modalitäten auf die zwei einfachen Grundmodalitäten M und N reduzieren: MM = M, MN = N, NM = M und NN = N.

T25) MNp → p (folgt aus A8' und A6)

T26) p → NMp (folgt aus T11 und A8)

In S5 gilt somit die folgende Kette von Implikationen:

MNp → Np → p → Mp → NMp.

S5 ist eine Erweiterung von T, enthält aber auch S4 als Teilsystem. Es gilt der Satz: Alle Theoreme von S4 sind Theoreme von S5. Zum Beweis genügt es zu zeigen, dass A7) Np → NNp, das Axiom von S4, ein Theorem von S5 ist.

Bew.	1.	$p \rightarrow \mathbf{M}p$	T11)
	2.	$\mathbf{N}p \rightarrow \mathbf{MN}p$	Substitution $p \mid \mathbf{N}p$
	3.	$\mathbf{MN}p = \mathbf{NMN}p$	T23), Subst. $p \mid \mathbf{N}p$
	4.	$\mathbf{N}p \rightarrow \mathbf{NMN}p$	aus 2. und 3.
	5.	$\mathbf{MN}p = \mathbf{N}p$	T24)
	6.	$\mathbf{NMN}p = \mathbf{NN}p$	R6)
	7.	$\mathbf{N}p \rightarrow \mathbf{NN}p$	aus 4. und 6.

Damit haben wir die folgende Kette von Modalsystemen: K ⊂ T ⊂ S4 ⊂ S5. K ist ein Teilsystem von T, T ist ein Teilsystem von S4 und S4 ist ein Teilsystem von S5. (Die Inklusion ist als Inklusion von Axiomen zu verstehen.)

Das System S5 erhält man auch, wenn man zum System S4 den Satz T25) als zusätzliches Axiom hinzufügt. Hierzu genügt es zu zeigen, dass aus (S4) + T25) das Axiom A8) deduziert werden kann. Zu zeigen ist: $\mathbf{M}p \rightarrow \mathbf{NM}p$ (A8).

Bew.	1.	$\mathbf{MN}p \rightarrow p$	T25)
	2.	$\mathbf{MNN}p \rightarrow \mathbf{N}p$	Substitution aus 1. ($p \mid \mathbf{N}p$)
	3.	$\neg\mathbf{N}p \rightarrow \neg\mathbf{MNN}p$	Kontraposition aus 2.
	4.	$\mathbf{M}(\neg p) \rightarrow \mathbf{NMM}(\neg p)$	Def. aus 3.
	5.	$\mathbf{M}p \rightarrow \mathbf{NMM}p$	Substitution aus 4. ($p \mid \neg p$)
	6.	$\mathbf{MM}p \rightarrow \mathbf{M}p$	A7') (gültig in S4)
	7.	$\mathbf{NMM}p \rightarrow \mathbf{NM}p$	R4) aus 6.
	8.	$\mathbf{M}p \rightarrow \mathbf{NM}p$	HS aus 5. und 7.

Beweis weiterer Theoreme und Regeln von S5:

T27) $\mathbf{N}(p \vee \mathbf{N}q) = \mathbf{N}p \vee \mathbf{N}q$

Bew.	1.	$\mathbf{N}(p \vee q) \rightarrow \mathbf{M}p \vee \mathbf{N}q$	T9)
	2.	$\mathbf{N}(p \vee \mathbf{N}q) \rightarrow \mathbf{N}p \vee \mathbf{MN}q$	Subst. aus 1. ($p \mid \mathbf{N}q$, $q \mid p$)
	3.	$\mathbf{MN}q = \mathbf{N}q$	T24)
	4.	$\mathbf{N}(p \vee \mathbf{N}q) \rightarrow \mathbf{N}p \vee \mathbf{N}q$	aus 2. und 3.
	5.	$\mathbf{N}p \vee \mathbf{N}q \rightarrow \mathbf{N}(p \vee q)$	T7)
	6.	$\mathbf{N}p \vee \mathbf{NN}q \rightarrow \mathbf{N}(p \vee \mathbf{N}q)$	Subst. aus 5. ($q \mid \mathbf{N}q$)
	7.	$\mathbf{N}p \vee \mathbf{N}q \rightarrow \mathbf{N}(p \vee \mathbf{N}q)$	T16), aus 6.
	8.	$\mathbf{N}(p \vee \mathbf{N}q) = \mathbf{N}p \vee \mathbf{N}q$	aus 4. und 7.

T28) $\mathbf{N}(p \vee \mathbf{M}q) = \mathbf{N}p \vee \mathbf{M}q$

Bew. 1. $\mathsf{N}(p \vee \mathsf{NM}q) = \mathsf{N}p \vee \mathsf{NM}q$ T27), Subst. $(q|\mathsf{M}q)$
2. $\mathsf{N}(p \vee \mathsf{M}q) = \mathsf{N}p \vee \mathsf{M}q$ T23)

T29) $\mathsf{M}(p \wedge \mathsf{M}q) = \mathsf{M}p \wedge \mathsf{M}q$

Bew. 1. $\mathsf{N}(\neg p \vee \mathsf{N}(\neg q)) = \mathsf{N}(\neg p) \vee \mathsf{N}(\neg q)$
2. $\neg\mathsf{N}(\neg p \vee \mathsf{N}(\neg q)) = \neg(\mathsf{N}(\neg p) \vee \mathsf{N}(\neg q))$
3. $\mathsf{M}(\neg(\neg p \vee \neg\mathsf{M}q)) = \neg(\neg\mathsf{M}p \vee \neg\mathsf{M}q)$
4. $\mathsf{M}(p \wedge \mathsf{M}q) = \mathsf{M}p \wedge \mathsf{M}q$

T30) $\mathsf{M}(p \wedge \mathsf{N}q) = \mathsf{M}p \wedge \mathsf{N}q$ (Beweis als Übung)

R10) $$\frac{\mathsf{M}\alpha \rightarrow \beta}{\alpha \rightarrow \mathsf{N}\beta}$$

Bew. 1. $\mathsf{M}\alpha \rightarrow \beta$ Prämisse
2. $\mathsf{NM}\alpha \rightarrow \mathsf{N}\beta$ R4) aus 1.
3. $\alpha \rightarrow \mathsf{NM}\alpha$ T26)
4. $\alpha \rightarrow \mathsf{N}\beta$ HS aus 2. und 3.

8.6 Semantik der Modallogik

Kripke deutete die Modaloperatoren **M** und **N** als Quantoren, die über mögliche Welten quantifizieren. Sind w_1, w_2, w_3, … mögliche Welten im Sinne Kripkes, dann bezeichnen wir mit W die Menge aller möglichen Welten: $W = \{w_1, w_2, w_3, \ldots\}$. (Man beachte: W kann auch eine überabzählbare Menge sein!) Diese möglichen Welten können sich von unserer Welt in jeder nur erdenklichen Weise unterscheiden. Darunter werden sich Welten befinden, die von fremdartigen Lebensformen bevölkert sind, aber auch solche, in denen sich nie Leben entwickelt hat. Wir können uns auch Welten denken, in denen die Naturkonstanten andere Werte haben oder in denen andere physikalische Gesetze herrschen. Von manchen dieser exotischen Welten können wir uns nicht die geringste Vorstellung machen. Es gibt also Welten, die wir uns vorstellen können und solche, die selbst für unser Vorstellungsvermögen unerreichbar sind. Diese epistemische Zugänglichkeit möglicher Welten definiert auf der Menge W eine zweistellige Relation R (*accessibility relation*):

$R(w_1,w_2)$ soll heißen: w_2 ist von w_1 aus erreichbar bzw. vorstellbar. Diese Relation ist zwar reflexiv (wir können uns unsere eigene Welt vorstellen), aber sie muss nicht unbedingt symmetrisch sein. Wenn w_2 von w_1 aus erreichbar (vorstellbar) ist, dann muss nicht w_1 von w_2 aus erreichbar sein. Hierzu ein kleines Gedankenexperiment: Wir können uns eine Welt ohne Radio und Fernsehen vorstellen; eine solche Welt ist von unserer Welt aus gedanklich erreichbar. Dagegen braucht es nicht der Fall zu sein, dass sich ein Bewohner dieser Welt, in der es weder Radio noch Fernsehen gibt, unsere mediengesättigte Welt vorstellen kann.

Kripke konnte nun zeigen, dass die Eigenschaften der Relation R eine bestimmte Modallogik festlegen und umgekehrt die modallogischen Gesetze der Menge möglicher Welten eine epistemische Struktur R aufprägen. Zum Beweis dieses Zusammenhangs erklären wir die Modaloperatoren **M** und **N** im Sinne der *„possible worlds semantics"* von Kripke:

1. **N**p ist wahr in w_i $\Leftrightarrow$ p ist wahr in jeder möglichen Welt w_j, die von w_i aus erreichbar ist.
   $\Leftrightarrow$ $\forall w_j \in W$: p ist wahr in w_j und $R(w_i,w_j)$
2. **M**p ist wahr in w_i $\Leftrightarrow$ p ist wahr in wenigstens einer möglichen Welt w_j, die von w_i aus erreichbar ist.
   $\Leftrightarrow$ $\exists w_j \in W$: p ist wahr in w_j und $R(w_i,w_j)$

Wir können uns die Menge möglicher Welten auch als ein riesiges Kartenspiel vorstellen, in dem die einzelnen Spieler mögliche Welten darstellen. Jeder Spieler w_i besitzt unendlich viele Karten, auf denen alle logischen Formeln stehen, die in seiner Welt wahr sind. Da die Anzahl möglicher Welten und damit auch die Zahl der Kartenspieler unermesslich groß ist, werden sich die Spieler nicht alle gegenseitig sehen können. R(a,b) soll heißen: Spieler a kann Spieler b sehen. Diese Relation R muss nicht symmetrisch sein: Wenn Spieler a seinen Mitspieler b sehen kann, muss b nicht a sehen können. Allerdings muss die Reflexivität als gegeben angenommen werden, da sich jeder Spieler selbst sehen kann.

In diesem Spiel gibt es einen unbeteiligten Spieler, der allen Beteiligten logische Formeln zuruft. Dabei gelten folgende Spielregeln:

1. Angenommen, es werde die Formel p ausgerufen. Die Spieler überprüfen nun alle ihre Karten und schauen, ob die Formel p auf ihren Karten steht. Wenn ein Spieler p in seinen Karten findet, d.h. wenn p in seiner Welt wahr ist, dann hebt er die Hand. Wenn p nicht zu seinen gültigen Formeln gehört, dann hebt er die Hand nicht.
2. Wenn $\neg$p ausgerufen wird, dann wird die Hand nur dann gehoben, wenn p *nicht* auf den Karten zu finden ist.
3. Bei p $\vee$ q hebt der Spieler w_i genau dann die Hand, wenn er sie bei p oder q gehoben hätte. Analog gilt die Regel auch bei anderen zusammengesetzten Termen: Bei p $\wedge$ q wird die Hand gehoben, wenn sowohl p als auch q in den Karten steht, sonst nicht.
4. Angenommen, es werde **N**p ausgerufen. **N**p ist wahr in w_1, wenn p in jeder möglichen Welt wahr ist, die von w_1 aus erreichbar ist. D.h. der Spieler w_1 wird genau dann die Hand heben, wenn er selbst bei p die Hand heben würde und alle anderen Spieler, die er sehen kann, bei Ausruf von p die Hand heben.
5. Wird **M**p ausgerufen, dann genügt es bereits, wenn irgendein anderer Spieler, den w_1 sehen kann, bei p die Hand hebt. In diesem Fall wird der Spieler w_1 bei **M**p die Hand heben.

Aufgrund dieser Regeln können wir uns nun leicht überlegen, dass z.B. bei der Ausrufung des Notwendigkeitsaxioms A6) **N**p $\rightarrow$ p alle Spieler die Hand heben müssen. **N**p $\rightarrow$ p ist äquivalent zu $\neg$**N**p $\vee$ p. Wir beobachten nun einen beliebigen Spieler w_1. Zuerst wird p ausgerufen, da p ein Teil der Formel $\neg$**N**p $\vee$ p ist. Wir wissen nicht, ob p auf einer Karte des Spielers w_1 steht. Daher können wir nicht sagen, ob w_1 bei p die Hand heben wird. Nehmen wir einmal an, p sei in seiner Welt falsch, d.h. w_1 hebt seine Hand nicht. Dann wird er sicher auch bei der Ausrufung von **N**p seine Hand nicht heben, da mindestens ein Spieler (er selbst) bei p die Hand nicht gehoben hat. Wenn er aber bei **N**p seine Zustimmung verweigert, dann muss er bei $\neg$**N**p die Hand heben. Zuletzt wird $\neg$**N**p $\vee$ p ausgerufen. Da w_1 bei $\neg$**N**p die Hand gehoben hat, muss er auch jetzt zustimmen (3.Regel). Aber auch im 2.Fall, wenn p für ihn gültig ist und er bei p die Hand gehoben hat, muss er jetzt wieder die Hand heben. Egal wie die anderen Mitspieler abstimmen, der Spieler w_1 gibt bei $\neg$**N**p $\vee$ p auf jeden Fall seine Zustimmung. **N**p $\rightarrow$ p ist für w_1 eine gültige Formel.

schematisch:	p	**N**p	$\neg$**N**p	$\neg$**N**p $\vee$ p
Wahrheit in w_1:	w	?	?	w
	f	f	w	w

Auf diese Weise können auch andere modallogische Formeln auf ihre Gültigkeit hin getestet werden. Man beachte, dass eine wesentliche Voraussetzung dieses Beweises die Reflexivität der Relation R ist. Das heißt:

1. Wenn R reflexiv ist, dann gilt **N**p $\rightarrow$ p (A6).

Beweis: R sei reflexiv, d.h. für alle w$\in$W gilt R(w,w). Wir nehmen an, **N**p ist wahr in w_1. $\Rightarrow$ p ist wahr in jeder möglichen Welt w_2 mit $R(w_1,w_2)$. Da R reflexiv ist, gilt $R(w_1,w_1)$, d.h. p ist auch in w_1 wahr. Der Schluss gilt auch umgekehrt: Wenn **N**p $\rightarrow$ p gilt, dann muss R reflexiv sein. Daraus folgt: Das Axiomensystem (T) ist genau dann gültig, wenn R reflexiv ist.

2. Wenn R transitiv ist, dann gilt **MM**p $\rightarrow$ **M**p (A7').

Beweis: R sei transitiv, d.h. $\forall\, w_1,w_2,w_3 \in W$: $R(w_1,w_2) \wedge R(w_2,w_3) \rightarrow R(w_1,w_3)$. Wir nehmen an: **MM**p ist wahr in w_1. $\Rightarrow$ Es gibt ein w_2 mit $R(w_1,w_2)$, so dass **M**p in w_2 wahr ist. $\Rightarrow$ Es gibt ein w_3 mit $R(w_2,w_3)$, so dass p in w_3 wahr ist. Da R transitiv ist, können wir folgern, dass auch $R(w_1,w_3)$ gilt. D.h. es gibt ein w_3 mit $R(w_1,w_3)$, so dass p in w_3 wahr ist. $\Rightarrow$ **M**p ist wahr in w_1.

(A7) bzw. (A7') ist das Grundaxiom des Kalküls (S4). Wenn die Relation R reflexiv und transitiv ist, dann wird also offenbar das „Spiel" (S4) gespielt.

3. Wenn R symmetrisch ist, dann gilt **MN**p $\rightarrow$ p (T25).

Beweis: R sei symmetrisch, d.h. $R(w_1,w_2) = R(w_2,w_1)$ für alle w_1, $w_2 \in W$. Wir nehmen an: **MN**p sei wahr in w_1. $\Rightarrow$ Es gibt ein w_2 mit $R(w_1,w_2)$, so dass **N**p in w_2 wahr ist. $\Rightarrow$ p ist wahr in jeder möglichen Welt w_i mit $R(w_2,w_i)$. Insbesondere ist p auch in w_1 wahr mit $R(w_2,w_1) = R(w_1,w_2)$, da R symmetrisch ist. Q.e.d.

In Kap. 8.5 haben wir gesehen, dass der Satz **MN**p $\rightarrow$ p (T25) zusammen mit den Axiomen von (S4) das System (S5) ergibt. Wenn (S5) gilt, dann muss die Relation R reflexiv, symmetrisch und transitiv, also eine Äquivalenzrelation sein. Im modallogischen System (S5) hat die Menge aller möglichen Welten eine einfache Struktur: sie ist in Äquivalenzklassen aufgeteilt, innerhalb der jede Welt jede andere Welt erreichen kann.

Modallogik	Eigenschaften von R
System T	reflexiv
System S4	reflexiv und transitiv
System S5	reflexiv, transitiv und symmetrisch (R ist eine Äquivalenzrelation)

Welches der modallogischen Systeme man bevorzugt, ist letzten Endes eine Frage des philosophischen Geschmacks.

8.7 Modale Prädikatenlogik

Eine modallogische Erweiterung der Prädikatenlogik kann einfach dadurch geschaffen werden, dass man zu den bekannten Axiomen des Prädikatenkalküls die Axiome eines der modallogischen Kalküle hinzufügt. Bezeichnet (PL) die Prädikatenlogik, dann stellen (PL) + (K), (PL) + (T), (PL) + (S4) und (PL) + (S5) vier modale prädikatenlogische Systeme dar. Im Folgenden beschäftigen wir uns mit der einfachsten modallogischen Erweiterung von (PL), nämlich mit dem System (PL) + (K). In diesem System gelten die folgenden Theoreme:

T31) $\mathbf{N}(\forall x\, P(x)) \rightarrow \forall x\, \mathbf{N}P(x)$

Bew.

1.	$\mathbf{N}(\forall x\, P(x))$	Annahme
2.	$\forall x\, P(x) \rightarrow P(a)$	Satz in (PL)
3.	$\mathbf{N}(\forall x\, P(x)) \rightarrow \mathbf{N}P(a)$	R4) aus 2.
4.	$\mathbf{N}P(a)$	R1) aus 1. und 3.
5.	$\forall x\, \mathbf{N}P(x)$	∀E aus 4., da a beliebig
6.	$\mathbf{N}(\forall x\, P(x)) \rightarrow \forall x\, \mathbf{N}P(x)$	IE aus 1.-5.

T32) $\mathbf{M}(\forall x\, P(x)) \rightarrow \forall x\, \mathbf{M}P(x)$ Beweis analog zu T31)

T33) $\exists x\, \mathbf{N}P(x) \rightarrow \mathbf{N}(\exists x\, P(x))$

Bew.
1. $\mathbf{M}(\forall x\, Q(x)) \rightarrow \forall x\, \mathbf{M}Q(x)$ T32)
2. $\neg\forall x\, \mathbf{M}Q(x) \rightarrow \neg\mathbf{M}(\forall x\, Q(x))$ Kontraposition aus 1.
3. $\exists x\, \mathbf{N}\neg Q(x) \rightarrow \mathbf{N}(\exists x\, \neg Q(x))$ Def. aus 2.
4. $\exists x\, \mathbf{N}P(x) \rightarrow \mathbf{N}(\exists x\, P(x))$ Subst. aus 3. $Q(x) | \neg P(x)$

T34) $\exists x\, \mathbf{M}P(x) \rightarrow \mathbf{M}(\exists x\, P(x))$ Beweis analog zu T33)

T35) $\mathbf{N}(\forall x\, (P(x) \wedge Q(x))) = \mathbf{N}(\forall x\, P(x)) \wedge \mathbf{N}(\forall x\, Q(x))$

Bew.
1. $\forall x\, (P(x) \wedge Q(x)) = \forall x\, P(x) \wedge \forall x\, Q(x)$
2. $\mathbf{N}(\forall x\, (P(x) \wedge Q(x))) = \mathbf{N}(\forall x\, P(x) \wedge \forall x\, Q(x))$
   $= \mathbf{N}(\forall x\, P(x)) \wedge \mathbf{N}(\forall x\, Q(x))$ R6), T4)

T 36) $\mathbf{M}(\exists x\, (P(x) \vee Q(x))) = \mathbf{M}(\exists x\, P(x)) \vee \mathbf{M}(\exists x\, Q(x))$

Bew.
1. $\exists x\, (P(x) \vee Q(x)) = \exists x\, P(x) \vee \exists x\, Q(x)$
2. $\mathbf{M}(\exists x\, (P(x) \vee Q(x))) = \mathbf{M}(\exists x\, P(x) \vee \exists x\, Q(x))$
   $= \mathbf{M}(\exists x\, P(x)) \vee \mathbf{M}(\exists x\, Q(x))$ R7), T5)

T37) $\mathbf{N}(\forall x\, P(x)) \vee \mathbf{N}(\forall x\, Q(x)) \rightarrow \mathbf{N}(\forall x\, (P(x) \vee Q(x)))$

Bew.
1. $\forall x\, P(x) \vee \forall x\, Q(x) \rightarrow \forall x\, (P(x) \vee Q(x))$
2. $\mathbf{N}(\forall x\, P(x) \vee \forall x\, Q(x)) \rightarrow \mathbf{N}(\forall x\, (P(x) \vee Q(x)))$
3. $\mathbf{N}(\forall x\, P(x)) \vee \mathbf{N}(\forall x\, Q(x)) \rightarrow \mathbf{N}(\forall x\, P(x) \vee \forall x\, Q(x))$
4. $\mathbf{N}(\forall x\, P(x)) \vee \mathbf{N}(\forall x\, Q(x)) \rightarrow \mathbf{N}(\forall x\, (P(x) \vee Q(x)))$

T38) $\mathbf{M}(\exists x\, (P(x) \wedge Q(x))) \rightarrow \mathbf{M}(\exists x\, P(x)) \wedge \mathbf{M}(\exists x\, Q(x))$

Bew.
1. $\exists x\, (P(x) \wedge Q(x)) \rightarrow \exists x\, P(x) \wedge \exists x\, Q(x)$
2. $\mathbf{M}(\exists x\, (P(x) \wedge Q(x))) \rightarrow \mathbf{M}(\exists x\, P(x) \wedge \exists x\, Q(x))$
3. $\mathbf{M}(\exists x\, P(x) \wedge \exists x\, Q(x)) \rightarrow \mathbf{M}(\exists x\, P(x)) \wedge \mathbf{M}(\exists x\, Q(x))$
4. $\mathbf{M}(\exists x(P(x) \wedge Q(x))) \rightarrow \mathbf{M}(\exists x\, P(x)) \wedge \mathbf{M}(\exists x\, Q(x))$

Man beachte: In (PL) + (K) gilt das Theorem (T31) nur in einer Richtung: $\mathbf{N}(\forall x\, P(x)) \rightarrow \forall x\, \mathbf{N}P(x)$, aber die Umkehrung gilt nicht! Der Notwendigkeitsoperator **N** und der Allquantor $\forall$ sind im allgemeinen nicht vertauschbar. Es ist ein Unterschied, ob wir sagen „Notwendigerweise gilt für alle x …“ oder „Für alle x gilt notwendigerweise …“. In einer Aussage der Form **N**p tritt **N** als Beschreibungsmodalität oder *Modalität de dicto* auf: Die Modalität wird einer ganzen Aussage zugesprochen. Dagegen hat der Modaloperator $\mathbf{N}$ in der Aussage $\forall x\ \mathbf{N}P(x)$ eine andere Funktion: Hier wird behauptet, dass alle Dinge notwendigerweise eine bestimmte Eigenschaft besitzen. Die Modalität $\mathbf{N}$ bezieht sich auf eine Eigenschaft, nicht auf eine Aussage. Man spricht daher von einer Sachmodalität oder einer *Modalität de re*.

Der sprachliche Unterschied soll noch einmal an einem *Beispiel* deutlich gemacht werden. Hierzu betrachten wir das Prädikat $V(x) =$ x ist vernünftig. Damit können wir folgende Aussagen bilden:

a) Modalitäten de dicto:

$\mathbf{N}\ \forall x\ V(x)$ = Es ist notwendig, dass alle Menschen vernünftig sind.
$\mathbf{N}\ \exists x\ V(x)$ = Es muss (mindestens) einen vernünftigen Menschen geben.
$\mathbf{M}\ \forall x\ V(x)$ = Es ist möglich, dass alle Menschen vernünftig sind.
$\mathbf{M}\ \exists x\ V(x)$ = Vielleicht gibt es einen vernünftigen Menschen.

b) Modalitäten de re:

$\forall x\ \mathbf{N}\ V(x)$ = Alle Menschen sind notwendigerweise vernünftig.
$\exists x\ \mathbf{N}\ V(x)$ = Mindestens ein Mensch muss vernünftig sein.
$\forall x\ \mathbf{M}\ V(x)$ = Alle Menschen sind möglicherweise vernünftig.
$\exists x\ \mathbf{M}\ V(x)$ = Einige Menschen sind möglicherweise vernünftig.

In dem modalen Kalkül (PL) + (K) können wir schließen: „Wenn es notwendig ist, dass alle Menschen vernünftig sind, dann sind alle Menschen notwendigerweise vernünftig." (T31) Die Umkehrung dieses Satzes ist nicht allgemeingültig. Wenn z.B. in unserer Welt alle Menschen notwendigerweise vernünftig sind, dann muss dies nicht heißen, dass in allen möglichen Welten alle Menschen vernünftig sind. Die Umkehrung setzt voraus, dass wir uns keine anderen möglichen Welten vorstellen können, in denen Menschen nicht vernünftig sind. Unter geeigneten Voraussetzungen ist eine Umkehrung des Schlusses also durchaus sinnvoll.

Wir werden beweisen, dass im modalen Kalkül (PL) + (S5) die Umkehrung von T31) tatsächlich gültig ist:

(B) $$\forall x\ \mathbf{N}\ P(x) \rightarrow \mathbf{N}(\forall x\ P(x))$$

(B) ist als die *Barcansche Formel* bekannt. Sie gilt nur in (PL) + (S5), aber nicht in (PL) + (S4) oder schwächeren Kalkülen.

Beweis der Barcanschen Formel in (PL) + (S5):

1.	$\forall x\, \mathbf{N}P(x) \rightarrow \mathbf{N}P(a)$	Satz in (PL), a beliebig
2.	$\mathbf{M}(\forall x\, \mathbf{N}P(x)) \rightarrow \mathbf{MN}P(a)$	R5) aus 1.
3.	$\mathbf{MN}P(a) \rightarrow P(a)$	T25) (Satz in S5)
4.	$\mathbf{M}(\forall x\, \mathbf{N}P(x)) \rightarrow P(a)$	HS aus 2. und 3.
5.	$\mathbf{M}(\forall x\, \mathbf{N}P(x)) \rightarrow \forall x\, P(x)$	$\forall$E, da a beliebig
6.	$\mathbf{NM}(\forall x\, \mathbf{N}P(x)) \rightarrow \mathbf{N}(\forall x\, P(x))$	R4) aus 5.
7.	$p \rightarrow \mathbf{NM}p$	T26) (Satz in S5)
8.	$\forall x\, \mathbf{N}P(x) \rightarrow \mathbf{NM}(\forall x\, \mathbf{N}P(x))$	Subst. aus 7. $p \mid \forall x\, \mathbf{N}P(x)$
9.	$\forall x\, \mathbf{N}P(x) \rightarrow \mathbf{N}(\forall x\, P(x))$	HS aus 6. und 8.

Analog zu (B) gilt auch die Umkehrung von T34):

(B*) $\mathbf{M}(\exists x\, P(x)) \rightarrow \exists x\, \mathbf{M}P(x)$

(B*) folgt aus (B) durch Kontraposition.

Mit Hilfe der Barcanschen Formel lassen sich folgende Sätze beweisen:

(B1) $\mathbf{N}(\forall x\, P(x)) = \forall x\, \mathbf{N}P(x)$

(B2) $\mathbf{M}(\exists x\, P(x)) = \exists x\, \mathbf{M}P(x)$

Aufgrund dieser Theoreme wären de-re- und de-dicto-Modalitäten als äquivalent zu betrachten. Daher ist die Barcansche Formel philosophisch sehr umstritten.

9. Deontische Logik

9.1 Grundriss der Normenlogik

Normen spielen in der praktischen Philosophie eine ähnlich grundlegende Rolle wie Aussagen in den Naturwissenschaften. Während Aussagen einen Sachverhalt beschreiben, schreiben Normen eine Handlung vor, billigen oder missbilligen sie. In der Normentheorie unterscheidet man zwischen *Normen* und *Normsätzen*. Normsätze sind „Aussagen, mit denen wir behaupten, dass gewisse Handlungen geboten, verboten oder erlaubt sind" (Kutschera 1973, S. 11). Normsätze sind das, was wir in Kap. 1.4 *Normbeschreibungen* genannt haben: Sie behaupten die Gültigkeit einer Norm und sind als Behauptungen wahr oder falsch. Daher besteht ein kategorialer Unterschied zwischen Normen und Normsätzen, aber nicht zwischen Normsätzen und Aussagen. Insbesondere können Normsätze wie Aussagen negiert und durch aussagenlogische Junktoren verknüpft werden. Alle Gesetze der Aussagenlogik gelten auch für Normsätze.

Eine Norm richtet sich an einen Normadressaten x und gebietet, erlaubt oder verbietet ihm, eine Handlung H zu tun. Demgemäß kann man zwischen drei Normtypen unterscheiden:

1. *Gebotsnorm*: Es ist geboten, dass x H tut. = x soll H tun.
   = **O**[H(x)] (**O**: Gebotenheitsoperator; obliged = geboten)
2. *Erlaubnisnorm*: Es ist erlaubt, dass x H tut. = x darf H tun.
   = **P**[H(x)] (**P**: Erlaubnisoperator; permitted = erlaubt)
3. *Verbotsnorm*: Es ist verboten, dass x H tut. = x darf H nicht tun.
   = x muss H unterlassen. = **F**[H(x)]
   (**F**: Verbotsoperator; forbidden = verboten)

Ein Normsatz setzt sich aus drei Angaben zusammen: dem Normadressaten (= der Person oder der Gruppe von Menschen, an die sich die Norm richtet), einem normativen Operator (**O**, **P** oder **F**) und einer Handlung H, die durch den Normoperator als gesollt, erlaubt oder verboten bezeichnet wird. Der Ausdruck H(x) (= x tut H) ist der deskriptive Bestandteil der Norm (Phrastikon) und hat den Charakter einer Aussage. In der Normenlogik werden dafür die Aussagenvariablen a, b, c, … verwendet, für die die Regeln und Gesetze der Aussagenlogik gelten. Der normative Operator bezeichnet den präskriptiven Bestandteil der Norm (Neustikon). **O**[H(x)] oder kurz

$O(a)$ steht für die ganze Norm (deskriptiver und präskriptiver Bestandteil).

Ein Normsatz hat die Form $O(a)$, wobei a eine Handlungsvariable und O einen normativen Operator (hier: Gebotenheitsoperator) bezeichnet. $O(a)$ heißt: Es ist geboten, a zu tun. Will man den Normadressaten auffordern, a *nicht* zu tun, d.h. will man die *Unterlassung* von a gebieten, so schreibt man $O(\neg a)$: Es ist geboten, a nicht zu tun, d.h. a zu unterlassen. Stattdessen können wir auch sagen: Es ist nicht erlaubt, a zu tun ($\neg P(a)$) oder: Es ist verboten, a zu tun ($F(a)$). Daraus ergeben sich drei Regeln der Normenlogik:

1. $O(\neg a) = \neg P(a)$: Es ist geboten, a zu unterlassen. = Es ist nicht erlaubt, a zu tun.
2. $F(a) = \neg P(a)$ bzw. $F(a) = O(\neg a)$: Es ist verboten, a zu tun. = Es ist geboten, a zu unterlassen. Insbesondere kann man von $\neg F(a)$ auf $P(a)$ schließen: Was nicht verboten ist, ist erlaubt. Umgekehrt gilt: Was nicht erlaubt ist, ist verboten.
3. $P(\neg a) = \neg O(a)$: Es ist erlaubt, a zu unterlassen. = a ist nicht geboten.

Mit Hilfe dieser drei Regeln können die drei deontischen Operatoren ineinander umgewandelt werden. Im Grunde genommen kommen wir mit einem einzigen deontischen Operator aus, z.B. dem Gebotenheitsoperator, weil wir die anderen beiden Operatoren durch O ausdrücken können: $P(a) = \neg O(\neg a)$. (a ist erlaubt. = Es ist nicht geboten, a zu unterlassen.) $O(a) = \neg P(\neg a)$ (a ist geboten. = Es ist nicht erlaubt, a zu unterlassen.)

Ferner gilt die Regel:

4. $O(a) \rightarrow P(a)$ Was geboten ist, ist auch erlaubt.

Es ist allerdings nicht möglich, von $O(a)$ auf a oder von a auf $P(a)$ zu schließen. Dies würde einen naturalistischen Fehlschluss darstellen: Aus dem Sollen $O(a)$ kann nicht auf das Sein des Sachverhaltes a geschlossen werden.

$O(a)$ und $O(\neg a)$ sind *konträre Gegensätze*: Es ist nicht möglich, dass eine Handlung a zugleich geboten als auch verboten ist. $O(a) \wedge O(\neg a)$ stellt einen *deontischen Widerspruch* dar. Ein Normensystem heißt deontisch widerspruchsfrei, wenn es keinen Satz a gibt, für den sowohl $O(a)$ als auch $O(\neg a)$ gilt. Diese (deontische) Widerspruchsfreiheit wird durch die 4.Regel garantiert: Denn $O(a) \rightarrow P(a)$ ist dasselbe wie $\neg O(a) \vee P(a)$. Ersetzt man a durch $\neg a$, so kann man diesen

Ausdruck auch schreiben als $\neg(\mathsf{O}(a) \wedge \mathsf{O}(\neg a))$. Diese Formel besagt, dass es keine deontischen Widersprüche gibt.

$\mathsf{P}(a)$ und $\mathsf{P}(\neg a)$ stehen in einem *subkonträren Gegensatz*: Es ist möglich, dass sowohl eine Handlung a als auch ihre Unterlassung $\neg a$ erlaubt sind. Man spricht dann von einer indifferenten Handlung. Eine Handlung a heißt *deontisch indifferent*, wenn sowohl a als auch $\neg a$ erlaubt sind bzw. wenn a weder geboten noch verboten ist. Dies wird durch den *Indifferenzoperator* **I** ausgedrückt:

$$\mathbf{I}(a) = \mathsf{P}(a) \wedge \mathsf{P}(\neg a) = \neg\mathsf{O}(a) \wedge \neg\mathsf{F}(a).$$

Die Beziehungen zwischen den deontischen Operatoren **O** und **P** lassen sich in einem *logischen Quadrat der Gegensätze* darstellen:

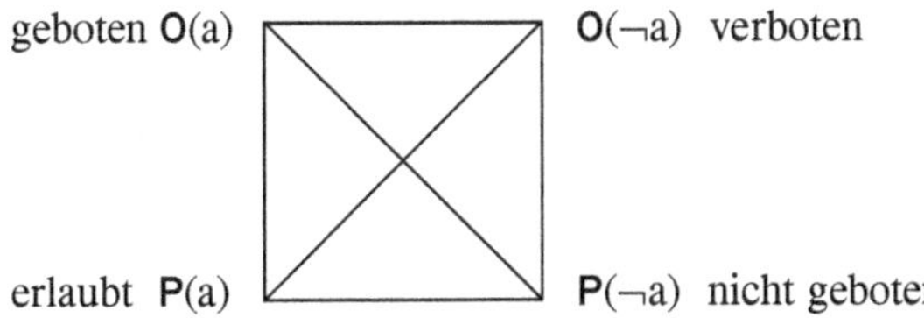

Für Normsätze gelten die bekannten Schlussregeln und Gesetze der Aussagenlogik. Insbesondere können aus Normsätzen weitere Normsätze abgeleitet werden. Jedoch können aus Normen oder Normsätzen keine Aussagen abgeleitet werden oder umgekehrt. Dies wäre ein naturalistischer Fehlschluss.

9.2 Paradoxien der Normenlogik

Die deontische Logik lässt sich auch in axiomatischer Form darstellen. G. H. von Wright entwickelte 1951 ein Axiomensystem, das heute als das Standardsystem der deontischen Logik gilt. Wir halten uns in unserer Darstellung an das System von Kutschera, das zu dem Wright'schen Axiomensystem äquivalent ist (Kutschera 1973, 44ff.). Dieses System - Kutschera bezeichnet es als das System Δ - kommt mit drei normenlogischen Axiomen aus. Diese Axiome stellen eine Ergänzung der bekannten aussagenlogischen Axiome dar.

A1) Wenn T eine Tautologie (Theorem) der Aussagenlogik ist, dann ist $\mathsf{O}(T)$ ein wahrer Satz der deontischen Logik. Mit Hilfe dieses Axioms können aus Theoremen der Aussagenlogik Theoreme der deontischen Logik hergeleitet werden.

A2) $\mathsf{O}(p \rightarrow q) \rightarrow (\mathsf{O}(p) \rightarrow \mathsf{O}(q))$

„Wenn es geboten ist, falls man p tut, auch q zu tun, so ist es, falls es geboten ist, p zu tun, auch geboten, q zu tun."

A3) $\mathsf{O}(p) \rightarrow \neg\mathsf{O}(\neg p)$

Dieses Axiom entspricht der bekannten Regel $\mathsf{O}(p) \rightarrow \mathsf{P}(p)$. Statt dem Axiom A3) können wir auch den äquivalenten Satz

A3') $\mathsf{O}(\neg p) \rightarrow \neg\mathsf{O}(p)$

verwenden: „Wenn es geboten ist, eine Handlung zu unterlassen, dann ist es nicht geboten, die Handlung zu tun." Man beachte, dass die Umkehrung dieses Satzes nicht allgemeingültig ist.

Aus diesen Axiomen kann eine nützliche Regel hergeleitet werden:

R1) $$\frac{\mathsf{O}(\alpha \rightarrow \beta)}{\mathsf{O}(\alpha) \rightarrow \mathsf{O}(\beta)}$$

R1) folgt mit dem Modus ponens aus A2).

Aus den Axiomen können alle wichtigen Sätze der deontischen Logik hergeleitet werden. Die Theoreme des Systems Δ werden wir mit T1, T2, T3, ... durchnummerieren.

T1) $\mathsf{O}(p) \rightarrow \mathsf{O}(p \vee q)$

„Wenn p geboten ist, dann ist es geboten, p oder q zu tun."

Bew.	1.	$p \rightarrow p \vee q$	Tautologie der Aussagenlogik
	2.	$\mathsf{O}(p \rightarrow (p \vee q))$	A1) aus 1.
	3.	$\mathsf{O}(p) \rightarrow \mathsf{O}(p \vee q)$	R1) aus 2.

Das Theorem T1) ist in der Normenlogik auch als *Paradoxie von Ross* bekannt, weil es einen paradoxen Sachverhalt ausdrückt. Wenn T1) ein gültiges Theorem der Normenlogik ist, dann muss auch der folgende Satz logisch gültig sein: „Wenn es geboten ist, einen Brief auf die Post zu bringen, so ist es auch geboten, den Brief auf die Post zu bringen oder ihn zu vernichten." Auf diese Paradoxie machte zum ersten Mal Alf Ross (1944) aufmerksam. Obwohl wir uns intuitiv dagegen sträuben, diesen Satz als moralische Norm anzuerkennen, kommen wir nicht umhin, ihn als gültigen Satz in die Liste der normenlogischen Theoreme aufzunehmen.

Gegen diese Paradoxie wurde geltend gemacht, dass $\mathsf{O}(p \vee q)$ nicht bedeute, dass wir die *Wahl* hätten, eine der beiden Alternativen p oder q zu verwirklichen. Unsere Wahlfreiheit kann durch andere Normen oder Bedingungen eingeschränkt sein. In dem Beispiel von Ross ist die Handlungsalternative q offensichtlich nicht erlaubt, q ist sogar verboten: $\mathsf{F}(q)$. Wenn aber sowohl $\mathsf{O}(p)$ als auch $\mathsf{F}(q)$ gelten, dann bleibt uns keine andere Möglichkeit, als p zu tun. Wenn man das Theorem T1) isoliert für sich betrachtet und für q eine verbotene Handlung einsetzt, dann widerspricht die Konklusion prima facie unserer moralischen Intuition. Allerdings muss man bei einer natürlichsprachlichen Interpretation dieses Satzes *alle* relevanten Normen berücksichtigen. Und zu unserem Normensystem gehört eben auch die Norm $\mathsf{F}(q)$. Daher ist für einen moralisch handelnden Normadressaten die Alternative q versperrt und es kann zu keinem Normenkonflikt kommen. Unter Berücksichtigung dieses normativen Kontextes verliert das Theorem T1) seinen paradoxen Charakter.

T2a) $\mathsf{O}(p \wedge q) \rightarrow \mathsf{O}(p) \wedge \mathsf{O}(q)$

„Wenn es geboten ist, sowohl p wie auch q zu tun, so ist es sowohl geboten, p zu tun, wie auch, q zu tun."

Bew. 1. $p \wedge q \rightarrow p$ Tautologie der Aussagenlogik
2. $\mathsf{O}(p \wedge q \rightarrow p)$ A1) aus 1.
3. $\mathsf{O}(p \wedge q) \rightarrow \mathsf{O}(p)$ R1) aus 2.
4. $p \wedge q \rightarrow q$ analog zu 1.
5. $\mathsf{O}(p \wedge q \rightarrow q)$ A1) aus 4.
6. $\mathsf{O}(p \wedge q) \rightarrow \mathsf{O}(q)$ R1) aus 5.
7. $\mathsf{O}(p \wedge q) \rightarrow \mathsf{O}(p) \wedge \mathsf{O}(q)$ folgt aus 3. und 6.

Dabei wurde eine Schlussregel der Aussagenlogik verwendet: Aus $a \rightarrow b$ und $a \rightarrow c$ folgt $a \rightarrow b \wedge c$.

T2b) $\mathsf{O}(p) \wedge \mathsf{O}(q) \rightarrow \mathsf{O}(p \wedge q)$

Bew. 1. $p \rightarrow (q \rightarrow (p \wedge q))$ Tautologie der Aussagenlogik
2. $\mathsf{O}(p \rightarrow (q \rightarrow (p \wedge q)))$ A1) aus 1.
3. $\mathsf{O}(p) \rightarrow \mathsf{O}(q \rightarrow (p \wedge q))$ R1) aus 2.

4.	$\mathsf{O}(p)$	Annahmeeinführung
5.	$\mathsf{O}(q \rightarrow (p \wedge q))$	MP aus 3. und 4.
6.	$\mathsf{O}(q) \rightarrow \mathsf{O}(p \wedge q)$	R1) aus 5.
7.	$\mathsf{O}(p) \rightarrow (\mathsf{O}(q) \rightarrow \mathsf{O}(p \wedge q))$	IE
8.	$(\mathsf{O}(p) \wedge \mathsf{O}(q)) \rightarrow \mathsf{O}(p \wedge q)$	Exportationsgesetz aus 7.

T2a) und T2b) ergeben zusammengenommen

T2) $\mathsf{O}(p \wedge q) = \mathsf{O}(p) \wedge \mathsf{O}(q)$.

Ein wichtiger Spezialfall dieses Theorems ist die Formel

T2c) $\mathsf{O}(p) \wedge \mathsf{O}(\neg p) = \mathsf{O}(p \wedge \neg p)$.

D.h. ein deontischer Widerspruch kann auch in der Form $\mathsf{O}(p \wedge \neg p)$ dargestellt werden.

T3) $\mathsf{O}(p) \vee \mathsf{O}(q) \rightarrow \mathsf{O}(p \vee q)$

„Ist es geboten, p zu tun, oder ist es geboten, q zu tun, so ist es geboten, p oder q zu tun."

Bew. Das Theorem T3) folgt aus T1) unter Verwendung der Schlussregel: Aus $a \rightarrow c$ und $b \rightarrow c$ folgt $a \vee b \rightarrow c$.

Die anderen deontischen Operatoren **P** und **F** können durch Definitionen eingeführt werden:

D1) $\mathsf{P}(p) = \neg\mathsf{O}(\neg p)$

D2) $\mathsf{F}(p) = \mathsf{O}(\neg p) = \neg\mathsf{P}(p)$

Damit können weitere wichtige Theoreme bewiesen werden:

T4) $\mathsf{P}(p \vee q) = \mathsf{P}(p) \vee \mathsf{P}(q)$

„Wenn es erlaubt ist, p oder q zu tun, dann ist es auch erlaubt, p zu tun, oder es ist erlaubt, q zu tun, oder umgekehrt."

Bew.	1.	$\mathsf{O}(\neg p \wedge \neg q) = \mathsf{O}(\neg p) \wedge \mathsf{O}(\neg q)$	T2)
	2.	$\neg\mathsf{O}(\neg p \wedge \neg q) = \neg(\mathsf{O}(\neg p) \wedge \mathsf{O}(\neg q))$	Negation aus 1.
	3.	$\neg\mathsf{O}(\neg(p \vee q)) = \neg\mathsf{O}(\neg p) \vee \neg\mathsf{O}(\neg q)$	De Morgan
	4.	$\mathsf{P}(p \vee q) = \mathsf{P}(p) \vee \mathsf{P}(q)$	D1) aus 3.

T5) $\mathsf{P}(p \wedge q) \rightarrow \mathsf{P}(p) \wedge \mathsf{P}(q)$

„Wenn es erlaubt ist, p und q zu tun, dann ist es sowohl erlaubt, p zu tun, als auch, q zu tun." (Die Umkehrung gilt nicht.)

Bew.	1.	$\mathsf{O}(\neg p) \vee \mathsf{O}(\neg q) \rightarrow \mathsf{O}(\neg p \vee \neg q)$	T3)

2.	$\neg\mathsf{O}(\neg p \vee \neg q) \rightarrow \neg(\mathsf{O}(\neg p) \vee \mathsf{O}(\neg q))$	Kontraposition
3.	$\neg\mathsf{O}(\neg(p \wedge q)) \rightarrow \neg\mathsf{O}(\neg p) \wedge \neg\mathsf{O}(\neg q)$	De Morgan
4.	$\mathsf{P}(p \wedge q) \rightarrow \mathsf{P}(p) \wedge \mathsf{P}(q)$	D1) aus 3.

Die Umkehrung gilt nicht, da es sonst möglich wäre, aus $\mathsf{P}(p) \wedge \mathsf{P}(\neg p)$ auf $\mathsf{P}(p \wedge \neg p)$ zu schließen. Der erste Normsatz $\mathsf{P}(p) \wedge \mathsf{P}(\neg p)$ ist durchaus erfüllbar: er stellt eine indifferente Norm dar. Dagegen ist der zweite Normsatz $\mathsf{P}(p \wedge \neg p)$ unerfüllbar. Niemand kann eine Handlung p zugleich ausführen und unterlassen.

T6) $\mathsf{F}(p \vee q) = \mathsf{F}(p) \wedge \mathsf{F}(q)$

„Wenn es verboten ist, p oder q zu tun, dann ist es sowohl verboten, p zu tun, wie auch, q zu tun, und umgekehrt."

Bew.	1.	$\mathsf{O}(\neg p \wedge \neg q) = \mathsf{O}(\neg p) \wedge \mathsf{O}(\neg q)$	T2)
	2.	$\mathsf{O}(\neg(p \vee q)) = \mathsf{O}(\neg p) \wedge \mathsf{O}(\neg q)$	De Morgan
	3.	$\mathsf{F}(p \vee q) = \mathsf{F}(p) \wedge \mathsf{F}(q)$	D2)

T7) $\mathsf{F}(p) \vee \mathsf{F}(q) \rightarrow \mathsf{F}(p \wedge q)$

„Wenn es verboten ist, p zu tun, oder wenn es verboten ist, q zu tun, dann ist es auch verboten, p und q zu tun."

Bew.	1.	$\mathsf{O}(\neg p) \vee \mathsf{O}(\neg q) \rightarrow \mathsf{O}(\neg p \vee \neg q)$	T3)
	2.	$\mathsf{O}(\neg p) \vee \mathsf{O}(\neg q) \rightarrow \mathsf{O}(\neg(p \wedge q))$	De Morgan
	3.	$\mathsf{F}(p) \vee \mathsf{F}(q) \rightarrow \mathsf{F}(p \wedge q)$	D2)

Bereits das erste Theorem zeigt, dass es sich beim Aufbau einer Normenlogik nicht vermeiden lässt, semantische Paradoxien in Kauf zu nehmen. Die Paradoxie von Ross ist nicht die einzige Paradoxie der deontischen Logik. Es lassen sich eine ganze Reihe weiterer Paradoxien herleiten.

T8) $\mathsf{P}(p) \rightarrow \mathsf{P}(p \vee q)$

Bew.	1.	$\mathsf{O}(a \wedge b) \rightarrow \mathsf{O}(a)$	T2a)
	2.	$\mathsf{O}(\neg p \wedge \neg q) \rightarrow \mathsf{O}(\neg p)$	Subst. aus 1. $(a \mid \neg p,\ b \mid \neg q)$
	3.	$\neg\mathsf{O}(\neg p) \rightarrow \neg\mathsf{O}(\neg p \wedge \neg q)$	Kontraposition aus 2.
	4.	$\neg\mathsf{O}(\neg p) \rightarrow \neg\mathsf{O}(\neg(p \vee q))$	De Morgan aus 3.
	5.	$\mathsf{P}(p) \rightarrow \mathsf{P}(p \vee q)$	D1) aus 4.

T8) wird auch die *Paradoxie der freien Wahl* genannt. Stranzinger erläutert den paradoxen Charakter der Formel an dem Beispiel „Wenn es erlaubt ist zu arbeiten, dann ist es auch erlaubt zu arbeiten oder zu rasten“ (Stranzinger 1977, S. 151). Freundlich weist darauf hin, $\mathsf{P}(p \vee q)$ bedeute nicht, dass man die freie Wahl habe, welche der beiden Handlungen, p oder q, man ausführen darf, denn $\mathsf{P}(p \vee q)$ bedeutet vielmehr, „dass mindestens eine der beiden Handlungen, p oder q, erlaubt ist“ (Freundlich 1984, S. 390). Welche der beiden Erlaubnisse gilt, „hängt nicht von unserer freien Wahl, sondern von dem betreffenden Normenkodex ab“ (Freundlich, ebd.). Wenn man die freie Wahl hätte, p oder q auszuführen, dann müssten beide Handlungen erlaubt sein, d.h. es müsste $\mathsf{P}(p) \wedge \mathsf{P}(q)$ gelten, was jedoch nicht der Behauptung T8) entspricht.

T9) $\mathsf{F}(p) \rightarrow \mathsf{F}(p \wedge q)$
Bew. T9) folgt aus T7).

T9) ist als die *Paradoxie des guten Samariters* bekannt. Sie wird durch das Bibelgleichnis vom barmherzigen Samariter illustriert: „Der barmherzige Samariter hilft auf dem Weg von Jerusalem nach Jericho einem von einem Räuber überfallenen und verletzten Mann. Notwendigerweise muss dieser Mann von einem Räuber überfallen worden sein. Da es jedoch verboten ist, dass der Mann von einem Räuber überfallen wird, wäre es - so das Theorem Andersons - auch verboten, dass der barmherzige Samariter dem überfallenen und verletzten Mann hilft.“ (Stranzinger 1977, S. 149) Kurz gefasst kann man das Paradoxon auch so formulieren: „Wenn es verboten ist, einen anderen Menschen zu verletzen, dann ist es auch verboten, dem verletzten Menschen zu helfen (genauer: ihn zu verletzen und ihm zu helfen).“

9.3 Bedingte Gebote

Ein weiteres Problem stellen für die Normenlogik bedingte Gebote bzw. hypothetische Normen dar. Hypothetische Normen haben die Form „Wenn p der Fall ist, dann soll q sein“. Beispiele hierfür sind die Sätze

1. Wenn man ein Versprechen gegeben hat, dann ist es geboten, dieses auch zu halten.
2. Wenn man am Steuer eines Autos bei Rot an einer Kreuzung ankommt, dann ist es geboten, das Auto anzuhalten.

3. Wenn Fritz krank ist, dann soll Hans ihn besuchen. (Kutschera 1973, S. 24)
4. „Wer eine verlorene Sache findet und an sich nimmt, hat dem Verlierer oder dem Eigentümer oder einem sonstigen Empfangsberechtigten unverzüglich Anzeige zu machen.“ (BGB § 965)

Intuitiv betrachtet bieten sich zwei Möglichkeiten an, solche Sätze zu formalisieren:

(A) $\mathsf{O}(p \rightarrow q)$

(B) $p \rightarrow \mathsf{O}(q)$

Aber beide Formulierungen bringen unüberwindliche Schwierigkeiten mit sich. Hier kann nur auf einige dieser Probleme eingegangen werden. Für einen ausführlichen Überblick sei auf die Literatur verwiesen.

G.H. von Wright favorisiert die Formalisierung $\mathsf{O}(p \rightarrow q)$ und deutet sie so: „Es soll so sein, dass es entweder nicht der Fall ist, dass p, oder es der Fall ist, dass q“ (Wright 1984, S. 451), was dem zu (A) äquivalenten Ausdruck $\mathsf{O}(\neg p \vee q)$ entspricht. Auf das Beispiel des Versprechens angewendet heißt das: „Es ist verboten, ein Versprechen zu geben, ohne es zu erfüllen“ = $\mathsf{F}(p \wedge \neg q)$ = $\mathsf{O}(p \rightarrow q)$ (von Wright, ebd.). Es ist aber nicht einsichtig, wie diese Formalisierung mit den oben zitierten Beispielen in Deckung gebracht werden kann. Eine hypothetische Norm besagt: Wenn ein bestimmter Sachverhalt erfüllt ist, dann folgt daraus ein normatives Gebot. Dies würde eher mit der 2.Formulierung $p \rightarrow \mathsf{O}(p)$ übereinstimmen. In der Formulierung $\mathsf{O}(p \rightarrow q)$ bezieht sich das Gebot jedoch auf die gesamte Implikation: „Die Norm gebietet, man solle darauf sehen, dass die materiale Implikation $p \rightarrow q$ wahr sei oder wahr gemacht werde.“ (Lenk 1974, S. 114) Zudem können äußere oder handlungsabhängige Bedingungen nicht unter den Fall $\mathsf{O}(p \rightarrow q)$ bzw. $\mathsf{O}(\neg p \vee q)$ subsumiert werden. Der Satz „Wenn es regnet, dann öffne des Regenschirm“ kann nicht besagen, dass es gesollt ist, dass es nicht regnet, oder der Regenschirm aufgespannt wird (Weinberger 1992, S. 494 f.). Ebenso kann der Satz „Wenn du ein entsprechendes Einkommen hast, sollst du Einkommensteuer zahlen“ nicht gleichbedeutend sein mit dem Satz „Bewirke, dass du kein Einkommen hast, oder zahle Einkommensteuer“ (Weinberger, ebd.). Ferner ist $\mathsf{O}(p \rightarrow q)$ äquivalent zu $\mathsf{O}(\neg q \rightarrow \neg p)$. Aber es ist offenbar etwas anderes, ob man sagt „Wenn es regnet, bleibe zu Hause!“ oder „Wenn du nicht zu Hause bleibst, soll es nicht regnen!" (Weinberger 1992, S. 346). Das Wetter lässt sich zu nichts verpflichten.

Wir würden erwarten, dass aus p und $O(p \to q)$ die Konklusion $O(q)$ gefolgert werden kann, weil dies dem bekannten Modus ponens der Aussagenlogik entspricht:

$$p \wedge O(p \to q) \to O(q) \qquad (*)$$

Nach Kutschera ist dies allerdings kein gültiger Schluss und kann auch nicht aus dem oben dargestellten normenlogischen Axiomensystem Δ deduziert werden (Kutschera 1973, S. 24). Es ist auch nicht klar, wie durch eine Konjunktion eine indikative Prämisse p und eine normative Prämisse $O(p \to q)$ verknüpft werden kann. Die Problematik des Schlussprinzips (*) lässt sich an einem Beispiel klarmachen: $O(p \to q)$ möge für die generelle Verpflichtung stehen, ein gegebenes Versprechen einzuhalten. Muss das Versprechen auch dann eingehalten werden, wenn man etwas Verbotenes (z.B. Mord auf Bestellung) oder gar etwas Unmögliches versprochen hat? Im deontischen Schlussprinzip (*) wird dieser Fall nicht berücksichtigt: Wenn $O(p \to q)$ gilt und p eintritt, dann muss das Versprechen eingelöst werden, also gilt $O(q)$, ohne Rücksicht darauf, ob q unmoralisch oder gar unmöglich ist.

Für die erste Formulierung $O(p \to q)$ gibt es aber auch noch eine andere Schwierigkeit, die als *Paradoxie der abgeleiteten Pflicht* (paradox of derived obligation) bekannt ist. Im normenlogischen System Δ lässt sich das folgende Theorem beweisen:

T10) $F(p) \to O(p \to q)$

„Wenn p verboten ist, dann besteht die Verpflichtung, einen beliebigen Zustand q herbeizuführen."

Bew. T10) ist zu der Paradoxie von Ross äquivalent und folgt unmittelbar aus T1), wenn man p durch $\neg p$ ersetzt.

T10) ist deswegen paradox, weil es z.B. auch dann geboten wäre, ein Versprechen zu halten, wenn man etwas Verbotenes verspräche. Kutschera führt hierfür ein Beispiel an: „Wenn es also verboten ist zu lügen, und man lügt, so hat man die dadurch bedingten Verpflichtungen, auch zu stehlen, Steuern zu hinterziehen, usf." (Kutschera 1973, S. 25)

Die Paradoxie der abgeleiteten Pflicht tritt auch in einer anderen Form auf:

T11) $\mathsf{O}(q) \rightarrow \mathsf{O}(p \rightarrow q)$

Bew. 1. $q \rightarrow (p \rightarrow q)$ Tautologie der Aussagenlogik
2. $\mathsf{O}(q \rightarrow (p \rightarrow q))$ A1) aus 1.
3. $\mathsf{O}(q) \rightarrow \mathsf{O}(p \rightarrow q)$ R1) aus 2.

Diese Formel kann man so interpretieren, dass „jede Handlung einen dazu verpflichtet, das zu tun, was man auf jeden Fall tun soll" (Lenk 1974, S. 116).

Formalisiert man ein bedingtes Gebot hingegen in der Form (B) $p \rightarrow \mathsf{O}(q)$, dann wird es für die Paradoxie der Implikation anfällig: Trifft p nicht zu, so ist jedes beliebige q geboten (Weinberger 1992, S. 427). Es wurde auch geltend gemacht, dass $p \rightarrow \mathsf{O}(q)$ einen naturalistischen Fehlschluss darstellt, da aus einem Sein p ein Sollen $\mathsf{O}(q)$ gefolgert werde (Freundlich 1984, S. 381). Diese Argumente haben von Wright und Freundlich dazu bewogen, an der Form $\mathsf{O}(p \rightarrow q)$ für Bedingungsnormen festzuhalten, trotz der oben angedeuteten Probleme (Wright 1984, S. 451).

9.4 Normative und deontische Widersprüche

In der Aussagenlogik tritt ein logischer Widerspruch in der Form

$$p \wedge \neg p \tag{1}$$

auf. Ein Axiomensystem $\mathfrak{A}$ heißt *logisch widerspruchsfrei*, wenn es keinen Satz a gibt, so dass sowohl a als auch $\neg a$ aus $\mathfrak{A}$ folgt. Jedes Axiomensystem muss logisch widerspruchsfrei sein, da sonst aus $p \wedge \neg p$ jeder beliebige Satz ableitbar wäre (ex falso sequitur quodlibet).

In der Normenlogik gibt es neben dem logischen Widerspruch noch eine andere Art von Widerspruch: Ein *deontischer Widerspruch* liegt vor, wenn ein Normensystem sowohl p als auch $\neg p$ gebietet:

$$\mathsf{O}(p) \wedge \mathsf{O}(\neg p) \tag{2a}$$

Da $\mathsf{O}(\neg p)$ dasselbe ist wie $\mathsf{F}(p)$ (p ist verboten), kann der deontische Widerspruch auch als

$$\mathsf{O}(p) \wedge \mathsf{F}(p) \text{ (p ist zugleich geboten und verboten)} \tag{2b}$$

geschrieben werden. „Ein deontischer Widerspruch liegt also vor, wenn dieselbe Handlung sowohl geboten wie auch verboten ist." (Kutschera 1973, S. 30)

Ein Normensystem, in dem sowohl $\mathsf{O}(p)$ als auch $\mathsf{O}(\neg p)$ bzw. $\mathsf{F}(p)$ gelten, ist inkonsistent: Ein Handelnder kann nur eine der beiden Normen befolgen. Führt er p aus, verletzt er die Norm $\mathsf{F}(p)$, unterlässt er aber p, d.h. führt er $\neg p$ aus, dann handelt er im Widerspruch zu $\mathsf{O}(p) = \mathsf{F}(\neg p)$. „Gilt $\mathsf{O}(p)$ und $\mathsf{O}(\neg p)$ in einem Normensystem zu gleicher Zeit und in derselben Hinsicht, so entsteht für den Normadressaten eine ausweglose Lage. Wie immer er sich verhält, er kann sich nicht normgerecht verhalten." (Berkemann 1974, S. 188) Aus diesem Grund muss ein Normensystem so aufgebaut sein, dass keine deontischen Widersprüche aus ihm ableitbar sind.

Definition: Ein Normensystem $\mathfrak{N}$ heißt *deontisch widerspruchsfrei*, wenn es keinen Satz a gibt, so dass sowohl $\mathsf{O}(a)$ als auch $\mathsf{O}(\neg a)$ aus $\mathfrak{N}$ folgt.

Eine andere Art von Widerspruch liegt vor, wenn

$$\mathsf{O}(p) \wedge \neg\mathsf{O}(p) \tag{3a}$$

gilt. Dies scheint ein logischer Widerspruch zu sein analog zu dem aussagenlogischen Fall $p \wedge \neg p$. Um Verwechslungen mit dem aussagenlogischen Widerspruch zu vermeiden, bezeichnen wir $\mathsf{O}(p) \wedge \neg\mathsf{O}(p)$ als einen *normativen Widerspruch*. $\mathsf{O}(p) \wedge \neg\mathsf{O}(p)$ ist dasselbe wie $\mathsf{O}(p) \wedge \mathsf{P}(\neg p)$ und bedeutet, dass p geboten und nicht-p gleichzeitig ausdrücklich erlaubt ist. Gleichwertig dazu ist der Ausdruck

$$\mathsf{F}(p) \wedge \mathsf{P}(p) \quad \text{(p ist zugleich verboten und erlaubt).} \tag{3b}$$

Ein normativer Widerspruch würde z.B. dann vorliegen, wenn in einem Normensystem sowohl die Norm N_1: „Diebstahl soll bestraft werden" als auch die Norm N_2: „Diebstahl soll nicht bestraft werden" (was soviel heißt, dass es nicht zwingend geboten ist, Diebstahl zu bestrafen) gelten. Ein anderes, sehr alltägliches Beispiel für einen normativen Widerspruch nennt Weinberger: Eine Norm der katholischen Kirche verbietet die Wiederverehelichung Geschiedener (= $\mathsf{F}(a)$), während eine staatliche Norm die Wiederverehelichung erlaubt (= $\mathsf{P}(a)$). (Weinberger 1992, S. 147)

Welche Konsequenzen hätte es, wenn in einem Normensystem p geboten und nicht-p erlaubt wäre? Im Gegensatz zu einem deontischen Widerspruch $\mathsf{O}(p) \wedge \mathsf{O}(\neg p)$ kann sich ein Normadressat im Falle eines normativen Widerspruchs $\mathsf{O}(p) \wedge \neg\mathsf{O}(p)$ durchaus normgerecht verhalten: Wenn er die Handlung p ausführt, folgt er dem Gebot $\mathsf{O}(p)$, aber er gerät mit $\neg\mathsf{O}(p)$ bzw. $\mathsf{P}(\neg p)$ in keinen normativen Konflikt. Denn $\mathsf{P}(\neg p)$ verbietet ja nicht, p zu tun. Dem oben angedeuteten Konflikt zwischen staatlichen und kirchlichen Normen können Eheleute ja einfach dadurch entgehen, dass sie sich nicht scheiden lassen.

Der Unterschied zum deontischen Widerspruch wird deutlich, wenn man bedenkt, dass $\mathsf{O}(p) \wedge \neg\mathsf{O}(p)$ kein Widerspruch auf Handlungsebene, sondern auf Normenebene darstellt. Ein Gesetzgeber kann nicht gleichzeitig die Normen $\mathsf{O}(p)$ und $\neg\mathsf{O}(p)$ erlassen. Für den Normadressaten stellt ein normativer Widerspruch kein praktisches Problem dar; für ihn wird es in einem solchen Fall stets die Möglichkeit geben, sich normgerecht zu verhalten. Dagegen hat jeder rational handelnde Normgeber das Postulat der normativen Widerspruchsfreiheit zu beachten: Ein Normensystem $\mathfrak{N}$ heißt *normativ widerspruchsfrei*, wenn es keinen Satz (bzw. Handlung) a gibt, so dass sowohl $\mathsf{O}(a)$ als auch $\neg\mathsf{O}(a)$ aus $\mathfrak{N}$ folgt. Die Widerspruchsfreiheit in diesem Sinne ist zwar „keine *logische* Notwendigkeit, aber eine notwendige Folge der Idee eines vernünftigen, durchgängig praktikablen Rechtssystems“ (Berkemann 1974, S. 183).

Auf syntaktischer Ebene sind $\mathsf{O}(p) \wedge \neg\mathsf{O}(p)$ und $a \wedge \neg a$ äquivalent, da der Normsatz $\mathsf{O}(p)$ wie eine Aussage behandelt wird. Trotzdem ist ein normativer Widerspruch kein logischer Widerspruch, da zwischen beiden ein semantischer und pragmatischer Unterschied besteht: $a \wedge \neg a$ ist ontologisch unerfüllbar, während $\mathsf{O}(p) \wedge \neg\mathsf{O}(p)$, wie wir gesehen haben, empirisch durchaus erfüllbar sein kann. Zum Beispiel könnte ein Gesetzgeber zwei widersprechende Normen mit der Absicht erlassen, den Normadressaten zu verwirren „oder er könnte bei der Setzung konfligierender Strafnormen die Absicht haben, den Adressaten auf jeden Fall zu bestrafen“ (Weinberger 1992, S. 449). Trotz des Widerspruchs sind die widersprechenden Normen für den Normadressaten noch verstehbar, während sie im Fall einer echt kontradiktorischen Norm $\mathsf{O}(a \wedge \neg a)$, z.B. der Aufforderung „Zeichne einen viereckigen Kreis!“, nicht mehr verstehbar und auch nicht ausführbar sind.

Daher sollten normative Widersprüche klar von logischen Widersprüchen unterschieden werden, um jede Verwechslung zu vermeiden. Fälschlicherweise wird in der Literatur der normenlogische Widerspruch (3a) meistens als ein Spezialfall des logischen Widerspruchs (1) behandelt. Zwischen beiden Arten von Widersprüchen besteht jedoch, wie gezeigt, ein semantischer Unterschied. Ein logischer Widerspruch kann in keiner möglichen Welt erfüllt werden, während normative Widersprüche für den Normadressaten durchaus lösbar sind und auch in deontisch perfekten Welten vorkommen können.

Die falsche Analogie zwischen logischen und normativen Widersprüchen entsteht aus der fahrlässigen Übertragung des Substitutionsprinzips auf die Normenlogik: Wenn man in dem Ausdruck $\mathsf{O}(p) \wedge \neg\mathsf{O}(p)$ den Term $\mathsf{O}(p)$ durch die Aussagenvariable a ersetzt, kann man aus dem normativen Widerspruch den logischen Widerspruch $a \wedge \neg a$ herleiten. Dabei verwischt man aber den Unterschied zwischen deskriptiven und normativen Sätzen. Eine wichtige Folgerung wird also sein, dass man Normsätze nicht durch Aussagesätze substituieren darf.

Insgesamt müssen wir daher zwischen drei Arten von Widersprüchen unterscheiden:

1. logischer Widerspruch: $a \wedge \neg a$ (1)
2. deontischer Widerspruch: $\mathsf{O}(p) \wedge \mathsf{O}(\neg p)$ (2)
3. normativer Widerspruch: $\mathsf{O}(p) \wedge \neg\mathsf{O}(p)$ (3)

Analog dazu gibt es drei verschiedene Arten von Widerspruchsfreiheit.

Liegt ein deontischer Widerspruch vor, dann kann daraus ein normativer Widerspruch abgeleitet werden. Denn aus $\mathsf{O}(\neg p)$ folgt $\neg\mathsf{O}(p)$. Daher gilt die Implikation

$$\mathsf{O}(p) \wedge \mathsf{O}(\neg p) \ \rightarrow\ \mathsf{O}(p) \wedge \neg\mathsf{O}(p).$$

Durch Kontraposition folgt aus diesem Schluss: Wenn ein Normensystem normativ widerspruchsfrei ist, dann ist es auch deontisch widerspruchsfrei. Insbesondere kann ein Normensystem nicht normativ widerspruchsfrei und zugleich deontisch widerspruchsvoll sein.

Die Existenz deontischer Widersprüche stellt die Normenlogik vor große Probleme: Für Normsätze gilt ebenso wie für Aussagen das logische Prinzip „ex falso sequitur quodlibet". In der Aussagenlogik lässt sich aus einem (logischen) Widerspruch jede beliebige Aussage ableiten:

1. $p \wedge \neg p \rightarrow q$.

Für die Normenlogik folgt daraus:

2. $\mathsf{O}(p \wedge \neg p \rightarrow q)$ — A1) aus 1.
3. $\mathsf{O}(p \wedge \neg p) \rightarrow \mathsf{O}(q)$ — R1) aus 2.
4. $\mathsf{O}(p) \wedge \mathsf{O}(\neg p) \rightarrow \mathsf{O}(q)$ — T2) aus 3.

Das heißt: Aus einem deontischen Widerspruch folgt die Gültigkeit jeder beliebigen Norm. Welche fatalen praktischen Konsequenzen dies hätte, kann man sich leicht ausmalen. Aus diesem Grund muss jedes Normensystem deontisch widerspruchsfrei sein. Für die Normenlogik ergibt sich daraus die folgende Schwierigkeit: Wenn die Normenlogik auf real existierende Normensysteme anwendbar sein soll, dürfen deontische Widersprüche nicht auftreten. Normenkonflikte treten im Alltag aber sehr häufig auf. Also kann die Normenlogik nicht adäquat sein. Man könnte sich nun darüber streiten, wer die Schuld trägt: die realen Normensysteme oder die Normenlogik?

Angesichts dieser Probleme sind drei Lösungsmöglichkeiten denkbar: Der erste Weg besteht darin, das Normensystem durch die Einführung von Metaregeln wieder konsistent zu machen. Diese Metaregeln geben an, welcher Norm beim Vorliegen eines Normenkonflikts der Vorzug zu geben ist. In der Rechtspraxis werden Präferenzregeln zur Beseitigung von Normenkonflikten erfolgreich angewendet, da juristische Normensysteme hierarchisch strukturiert sind und somit implizit Präferenzstrukturen angelegt sind. Ein Beispiel einer juristischen Präferenzregel ist der Satz „Lex posterior derogat legi priori“ (Eine jüngere Norm hebt eine ältere Norm auf). Zweitens kann man das Standardsystem der Normenlogik (System Δ) auch als inadäquat betrachten und durch ein nicht-klassisches System ersetzen, das die Realität von Normenkonflikten berücksichtigt. Eine solche modifizierte Normenlogik muss das Prinzip der deontischen Widerspruchsfreiheit außer Kraft setzen und deontische Widersprüche zulassen. Oder aber, und das ist die dritte Möglichkeit, die Normenlogik ist in toto zum Scheitern verurteilt und wir müssen uns in einen normenlogischen Skeptizismus flüchten, nach dem es „im Bereich der Normen keine logischen Beziehungen gibt und aus Normsätzen keine logischen Folgerungen gewonnen werden können“ (Weinberger 1992, S. 431). Sollte man sich zu dieser Lösung entschließen, müsste man sich beim ethischen Räsonieren stärker auf die Intuition als auf normenlogische Schlüsse verlassen.

10. Temporale Logik

10.1 Das Seeschlacht-Dilemma

Im 20. Jahrhundert wurden verstärkt Anstrengungen unternommen, eine Logik zeitlicher Aussagen als Erweiterung der klassischen Aussagenlogik zu entwickeln. In der temporalen Logik wird die Zeitform einer Aussage berücksichtigt, indem zwischen präsentischen, perfektischen und futurischen Aussagen unterschieden wird. Eine *präsentische Aussage* ist eine Aussage über gegenwärtige Ereignisse oder Sachverhalte, z.B. „Es regnet jetzt“ oder „Heute ist Vollmond“. Eine *perfektische Aussage* ist eine Aussage über vergangene Ereignisse, z.B. „Gestern hat es hier geregnet“ oder „Cäsar überschritt den Rubikon“. Eine *futurische Aussage* ist eine Aussage über zukünftige Ereignisse, z.B. „Es wird bald regnen“ oder „Morgen wird eine Seeschlacht stattfinden“.

In Kap. 1.4 haben wir gesehen, dass die Deutung von futurischen Sätzen als wahrheitsdefinite Aussagen zu erheblichen Schwierigkeiten führt. Wenn der Satz „Morgen wird eine Seeschlacht stattfinden“ einen Wahrheitswert besitzt, dann würde es *heute* bereits feststehen, ob morgen eine Seeschlacht stattfindet oder nicht. Die Zukunft wäre nicht mehr offen und könnte durch das menschliche Handeln nicht beeinflusst werden, was einen Fatalismus zur Folge hätte. Man spricht auch von einem *logischen Fatalismus*, weil er von der Annahme der Zweiwertigkeit futurischer Aussagen impliziert wird. Das Paradoxon des logischen Fatalismus, hier in Form des „*Seeschlacht-Dilemmas*“, kann wie folgt formuliert werden:

1. Futurische Aussagen sind entweder wahr oder falsch. (Prämisse)
2. „Morgen wird eine Seeschlacht stattfinden“ ist eine futurische Aussage. (Prämisse)
3. „Morgen wird eine Seeschlacht stattfinden“ ist entweder wahr oder falsch. (Folgerung aus 1. und 2.)
4. Angenommen, die Aussage „Morgen wird eine Seeschlacht stattfinden“ ist wahr. (Annahme)
5. Aussagen ändern ihren Wahrheitswert nicht. Was heute wahr ist, wird immer wahr sein und war auch immer wahr. (Prämisse)
6. Man kann die Vergangenheit nicht ändern. (Prämisse)

7. Wenn die Aussage „Morgen wird eine Seeschlacht stattfinden" wahr ist, dann war sie schon immer wahr und man kann die Seeschlacht nicht verhindern. (Folgerung aus 5. und 6.)
8. Analoges gilt, wenn morgen *keine* Seeschlacht stattfindet. Angenommen, die Aussage „Morgen wird eine Seeschlacht stattfinden" ist falsch. (Annahme)
9. Wenn die Aussage „Morgen wird eine Seeschlacht stattfinden" falsch ist, dann war sie schon immer falsch und man kann die Seeschlacht nicht herbeiführen. (Folgerung aus 5. und 6.)
10. Egal, was wir tun, wir haben keinen Einfluss auf das Geschehen. Man kann eine futurische Aussage nicht falsch machen, wenn sie wahr ist, und wir können sie nicht wahr machen, wenn sie falsch ist. (Folgerung, klassisches Dilemma)

Diese fatalistische Schlussfolgerung gilt auch für unsere eigenen Handlungen wie das folgende Beispiel zeigt. Betrachten wir hierzu die futurische Aussage „Ich werde (in der nächsten Sekunde) die Hand heben". Wir glauben von uns selbst, dass wir willensfrei wären und es in unserer Macht liege, ob wir die Hand heben werden oder nicht. Wir glauben also, die obige Aussage wahr machen zu können. Wenn die Prämissen des obigen Arguments stimmen, können wir dies anscheinend nicht. Denn wenn der Wahrheitswert der futurischen Aussage festliegt, dann lag er schon immer fest und es stand bereits vor meiner Geburt fest, ob ich die Hand heben werde oder nicht. Mit anderen Worten: Ich kann nicht anders handeln. Es wäre daher eine Illusion zu glauben, dass die Zukunft offen ist und es alternative Handlungsmöglichkeiten gibt.

Richard Taylor definiert den Fatalismus wie folgt:

„Ein Fatalist glaubt, dass er keinen Einfluss auf die Zukunft hat. Er glaubt, dass er keinen Einfluss darauf hat, was nächstes Jahr geschehen wird, morgen oder im nächsten Augenblick. Er glaubt, dass selbst sein eigenes Handeln nicht in seiner Macht liegt, ebensowenig wie die Bewegungen der Himmelskörper, die Ereignisse der Geschichte oder die politischen Entwicklungen in China. Es wäre für ihn daher sinnlos, Entscheidungen darüber zu treffen, was er tun will, weil der Mensch nur Dinge entscheidet, von denen er glaubt, dass sie in seiner Macht liegen oder die er durch sein Tun beeinflussen kann. Kurz gesagt: Ein Fatalist betrachtet die Zukunft wie wir die Vergangenheit betrachten." (Taylor 1962, S. 56)

Michael Dummett erzählt die folgende Anekdote als Beispiel für eine fatalistische Haltung: Im 2.Weltkrieg war die Bevölkerung Londons den Bombenangriffen der Deutschen ausgesetzt. Die Menschen mussten sich in Luftschutzkellern in Sicherheit bringen. Dummett schreibt: „Die Sirene heult, und ich mache mich auf den Weg in den Luftschutzkeller, um dem Bombentod zu entgehen. Der Fatalist redet mir zu: Entweder wirst du von einer Bombe getötet oder du wirst es nicht. Wenn ja, dann werden alle deine Vorsichtsmaßnahmen nichts fruchten. Wirst du nicht getötet, dann sind alle deine Vorsichtsmaßnahmen überflüssig. Deshalb ist es witzlos, Vorsichtsmaßnahmen zu ergreifen." (Dummett, S. 165) Der Fatalist bleibt untätig und gibt sich seinem Schicksal hin, weil er sich sagt: Alles, was ich tue, ist vom Schicksal bestimmt, also auch meine Untätigkeit.

Der Fatalismus folgt aus der 1. Prämisse des Seeschlacht-Dilemmas. Es scheint so, dass wir uns bei der Anwendung des Satzes vom ausgeschlossenen Dritten auf futurische Sätze bereits auf eine fatalistische Weltanschauung festlegen. Andererseits ist der Satz vom ausgeschlossenen Dritten eine grundlegende Annahme, auf die eine temporale Logik nicht verzichten kann. Die Ausgangsfrage lautet daher, ob und wie man eine temporale Logik entwickeln kann, ohne sich von vornherein auf einen Determinismus bzw. Fatalismus festzulegen.

Der *Indeterminismus* geht im Gegensatz zum Determinismus davon aus, dass die Zukunft offen ist und es alternative Handlungsmöglichkeiten gibt. Durch unsere Willensfreiheit haben wir die Möglichkeit, eine dieser Alternativen zu verwirklichen: Ich kann im nächsten Moment die Hand heben oder nicht. Dasselbe gilt für das Seeschlachtbeispiel: Der griechische Heerführer Themistokles hatte es in der Hand, ob am 29. 9. 480 v. Chr. eine Seeschlacht stattfindet oder nicht. Durch seine historische Entscheidung errangen die Griechen den entscheidenden Sieg über die Perser. Hätte es die Schlacht bei Salamis nicht gegeben, wäre die Geschichte wahrscheinlich anders verlaufen. Wir können die möglichen Geschichtsverläufe als mögliche Welten beschreiben. In einer dieser möglichen Welten findet die Seeschlacht bei Salamis statt. In einer anderen möglichen Welt findet die Seeschlacht nicht statt. In einer möglichen Welt siegen die Griechen, in einer anderen möglichen Welt siegen die Perser. Mit jeder Handlung erschafft der Mensch eine neue Zukunft und es wird eine dieser unendlich vielen möglichen Welten verwirklicht.

Der argentinische Schriftsteller Jorge Luis Borges (1899-1986) beschreibt in seiner Kurzgeschichte „Der Garten der Pfade, die sich verzweigen" das Bild eines labyrinthischen Netzes sich verzweigender Weltlinien:

„Er glaubte an unendliche Zeitreihen, an ein wachsendes, schwindelerregendes Netz auseinander- und zueinanderstrebender und paralleler Zeiten. Dieses Webmuster aus Zeiten, die sich einander nähern, sich verzweigen, sich scheiden oder einander jahrhundertelang ignorieren, umfasst alle Möglichkeiten. In der Mehrzahl dieser Zeiten existieren wir nicht; in einigen existieren Sie, nicht jedoch ich; in anderen ich, aber nicht Sie; in wieder anderen wir beide." (Borges, S. 88)

Die folgende Tabelle zeigt die wesentlichen Unterschiede zwischen Determinismus und Indeterminismus auf:

Determinismus	**Indeterminismus**
Die Zukunft ist vorherbestimmt.	Die Zukunft ist offen.
Die Zukunft ist real.	Die Zukunft ist nicht real.
Zukünftige Ereignisse sind notwendig.	Zukünftige Ereignisse sind möglich.
Linearität der Zeitlinie	Verzweigungen der Zeitlinie
Wir haben keinen Einfluss auf das Geschehen.	Wir können das Geschehen aktiv beeinflussen.

10.2 Der R-Kalkül

Die Grundidee der temporalen Logik besteht darin, verschiedene Zeitordnungen zu unterscheiden. In einem deterministischen Universum hat die Zeit eine lineare Struktur. In einer solchen Welt müsste demnach eine andere Logik gelten als in einer indeterministischen Welt, in der sich die zukunftsgerichteten Zeitlinien baumartig verzweigen. Eine *Zeitordnung* besteht aus einer Menge von Zeitpunkten und einer Früher-Später-Relation, mit der sich zwei Zeitpunkte hinsichtlich ihrer zeitlichen Ordnung vergleichen lassen. $t_1 < t_2$ heißt: t_1 ist früher als t_2. Die Zeitordnung ist *linear*, wenn die Relation asymmetrisch und transitiv ist und alle Zeitpunkte eindeutig in einer

Früher-Später-Relation stehen. Tritt eine Verzweigung der Zeitlinie auf, stehen zwei Zeitpunkte, die verschiedenen Zweigen angehören, nicht mehr in einer Früher-Später-Relation.

Man muss zwischen zeitlichen und zeitlosen Aussagen unterscheiden, je nachdem ob die Wahrheit oder Falschheit der Aussage zeitabhängig ist oder nicht. Eine Aussage der Form „Ereignis A ereignet sich früher als Ereignis B“ ist immer, d.h. zu jeder Zeit, wahr oder falsch, während der Wahrheitswert der Aussage „Es regnet heute in Berlin“ davon abhängt, wann der Satz geäußert wird. Der Satz kann heute wahr und morgen falsch sein. Die Zeitabhängigkeit kann dadurch eliminiert werden, dass man den Zeitpunkt, zu dem die Aussage wahr werden soll, explizit angibt, z.B. in der Form: „Es regnet zur Zeit t in Berlin“. Eine solche Aussage mit Zeitindex wollen wir im folgenden mit $R_t(p)$ bezeichnen. $R_t(p)$ heißt: Die Aussage p gilt zur Zeit t, oder: p ist zur Zeit t realisiert. R_t heißt *Realisierungsfunktion*. Eine präsentische Aussage liegt vor, wenn t den Jetztzeitpunkt (Symbol: j) bezeichnet, wenn also $t=j$ gilt. Für präsentische Aussagen gilt $R_j(p) = p$.

Für die Realisierungsfunktion R gelten folgende Gesetze:

1. $R_j(p) = p$
2. $R_t(\neg p) = \neg R_t(p)$
3. $R_t(p \wedge q) = R_t(p) \wedge R_t(q)$

Mit dem Satz von de Morgan folgt daraus:

4. $R_t(p \vee q) = R_t(p) \vee R_t(q)$
5. $R_t(p \rightarrow q) = R_t(p) \rightarrow R_t(q)$

Wenn ich behaupte „‚Die Zeit t' liegt in der Zukunft (d.h. $t'>j$)‘ ist zur Zeit t wahr“, dann ist die Aussage jetzt eine futurische Aussage, aber zur Zeit t eine präsentische Aussage und besagt daher nichts anderes als „Die Zeit t' ist später als t“. Im R-Kalkül lässt sich dieses Gesetz (*j-Wechsel-Regel*) so formulieren:

6a. $R_t(j<t') = t<t'$

6b. $R_t(t'<j) = t'<t$

6c. $R_t(t_1<t_2) = t_1<t_2$, falls $t \neq j$ und $t \neq j$

6d. $R_t(\ldots j \ldots) = (\ldots t \ldots)$

Beim Rechnen mit temporalen Aussageformen kommen oft iterierte Realisierungsfunktionen vor, z.B. $R_{t'}(R_t(p))$. Der Index t' kennzeichnet den Zeitpunkt, an dem die Aussage $R_t(p)$ geäußert wird. Angenommen, p bedeute die Aussage „Es regnet in Berlin". Dann heißt $R_t(p)$ = „Es regnet in Berlin zur Zeit t". Wenn die Aussage $R_t(p)$ zur Zeit t' geäußert wird, dann ist der Wahrheitswert von $R_t(p)$ unabhängig vom Zeitpunkt der Äußerung, es sei denn, dass t die Jetztzeit kennzeichnet. Wird die Aussage „Es regnet jetzt in Berlin" zur Zeit t' geäußert, so ist sie äquivalent zu „Es regnet in Berlin zur Zeit t'". Daraus können wir die folgende Iterationsregel ableiten:

7a. $R_{t'}(R_t(p)) = R_t(p)$, falls $t \neq j$

7b. $R_{t'}(R_t(p)) = R_{t'}(p)$, falls $t = j$

Ferner gilt die *Quantorenregel*:

8. $R_{t'}(\forall t\, R_t(p)) = \forall t\, R_t(p)$

$\forall t\, R_t(p)$ ist eine zeitlose Aussage, die immer gültig ist, unabhängig vom Zeitpunkt der Äußerung, wie z.B. „Am Südpol ist es immer kalt". D.h. die Realisierungsfunktion $R_{t'}$ hat gar keinen Einfluss auf die Wahrheit der Aussage und kann daher weggelassen werden.

Perfektische und futurische Aussagen werden als modale Aussagen aufgefasst und für die temporalen Modalitäten lassen sich ähnliche Gesetze formulieren wie in der Modallogik. Eine futurische Aussage wie z.B. „Es wird bald regnen" kann dann so formuliert werden: „Es ist möglich, dass es in nächster Zeit regnet" oder „Es gibt einen Zeitpunkt in naher Zukunft, an dem die Aussage ‚Es regnet' wahr wird". Bezeichnet p die Aussage „Es regnet", dann wird die futurische Aussage „Es wird (bald) regnen" mit **F**p symbolisiert. **F** bezeichnet den futurischen Möglichkeitsoperator. Man beachte: Die Aussage **F**p bedeutet nicht, dass das zukünftige Ereignis p determiniert ist. Die Zeitlinie könnte sich auch verzweigen und verschiedene künftige Weltverläufe ermöglichen (Indeterminismus). In einer indeterministischen Welt bedeutet die futurische Aussage **F**p lediglich, dass p in einem dieser künftigen Weltverläufe verwirklicht wird.

Ein zukünftiges Ereignis ist notwendig, wenn das Gegenteil $\neg p$ nicht möglich ist. Der so definierte Notwendigkeitsoperator wird mit **G** bezeichnet und es gilt **G**p = $\neg$**F**($\neg$p). Ist p die Aussage „Es regnet", dann bedeutet **G**p = „Es ist nicht möglich, dass es in Zukunft nicht regnet" oder „In Zukunft wird es *immer* regnen". In ähnlicher Weise lassen sich auch Modaloperatoren für die Vergangenheit definieren: **P** ist der perfektische Möglichkeitsoperator, **H** der perfektische Notwendigkeitsoperator. Insgesamt gibt es somit vier temporale Operatoren, die wie folgt definiert sind:

Fp heißt: p ist zukünftig. = Es wird der Fall sein, dass p. = Es gibt einen Zeitpunkt in der Zukunft, an dem p wahr (realisiert) ist.

$$R_t(\mathbf{F}p) = \exists t\ (j<t \wedge R_t(p))$$

Pp heißt: p ist vergangen. = Es war der Fall, dass p. = Es gibt einen Zeitpunkt in der Vergangenheit, an dem p wahr (realisiert) ist.

$$R_t(\mathbf{P}p) = \exists t\ (t<j \wedge R_t(p))$$

Gp heißt: Es wird immer der Fall sein, dass p. = p wird immer der Fall sein. = p ist für alle künftigen Zeiten wahr.

$$R_t(\mathbf{G}p) = \forall t\ (j<t \rightarrow R_t(p))$$

Hp heißt: Es war immer der Fall, dass p. = p galt schon immer. = p ist für alle vergangenen Zeiten wahr.

$$R_t(\mathbf{H}p) = \forall t\ (t<j \rightarrow R_t(p))$$

Zwischen den Vergangenheitsoperatoren **P** und **H** und den Zukunftsoperatoren **F** und **G** gelten Interdefinierbarkeitsbeziehungen:

$$\mathbf{P}p = \neg\mathbf{H}(\neg p) \quad \text{und} \quad \mathbf{H}p = \neg\mathbf{P}(\neg p),$$

$$\mathbf{F}p = \neg\mathbf{G}(\neg p) \quad \text{und} \quad \mathbf{G}p = \neg\mathbf{F}(\neg p).$$

Ähnlich wie in der Modallogik lassen sich auch iterierte Modalitäten bilden. **FP** drückt die Zeitform *Futur II* aus. **FP**p heißt: p wird sich in Zukunft ereignet haben. **PP** drückt die Zeitform des *Plusquamperfekt* (past perfect) aus und besagt, dass in der Vergangenheit ein Geschehen bereits vergangen oder abgeschlossen war. **PP**p heißt: Es gab eine Zeit, zu der p bereits geschehen war.

Aus **G**p kann **F**p nicht gefolgert werden. **G**p besagt nur, dass für alle t gilt: Wenn t ein zukünftiger Zeitpunkt ist, dann wird zu diesem Zeitpunkt p gelten. Daraus folgt aber nicht, dass es überhaupt einen zukünftigen Zeitpunkt geben wird (Paradoxie der Implikation). Es wäre nämlich vorstellbar, dass es keine Zukunft gibt. Die Welt könnte jetzt, in diesem Augenblick aufhören zu existieren. In diesem Fall gilt (ex falso sequitur quodlibet) **G**p, aber es gilt nicht **F**p. Denn **F**p verlangt, dass es (mindestens) einen zukünftigen Zeitpunkt gibt, an dem p gilt. Der Satz **G**p → **F**p ist daher nicht allgemeingültig. Er gilt nur, wenn es zu jedem Zeitpunkt einen späteren Zeitpunkt gibt, bzw. wenn die Zeit kein Ende hat. Ein Satz p ist nur dann allgemeingültig, wenn $R_t(p)$ für alle t und für alle Zeitordnungen gilt.

10.3 Das Minimalsystem der temporalen Logik

E. J. Lemmon entwickelte ein Minimalsystem für die temporale Logik, das so allgemein ist, dass es für alle Zeitordnungen gilt, d.h. sowohl für lineare Zeitordnungen (Determinismus) als auch für sich verzweigende Zeitlinien (Indeterminismus). Diese Minimallogik lässt auch exotische Zeitordnungen zu, z.B. solche, in denen Zeitreisen (Zeitschleifen) möglich sind oder in denen die Zeit nicht kontinuierlich ist oder einen Anfang oder ein Ende hat. Die Zeitordnung legt nämlich fest, welche logischen Gesetze für die vier Zeitoperatoren gelten. Ähnlich wie in der Modallogik werden wir daher von einem Minimalsystem ausgehen, das möglichst wenig Axiome enthält. Durch die Postulierung zusätzlicher Axiome können Speziallogiken entwickelt werden, die für bestimmte Zeitordnungen gelten.

Das Minimalsystem der temporalen Logik wird mit K_t bezeichnet - analog zum System K der Modallogik -, wobei der Index t daran erinnert, dass es sich um einen temporalen Modalkalkül handelt. K_t ist eine Erweiterung der klassischen Aussagenlogik. Daher gelten die bekannten Axiome der Aussagenlogik sowie die aussagenlogischen Schlussregeln Modus ponens und Substitutionsregel. Als neue Grundzeichen werden die temporalen Operatoren **G** und **H** eingeführt. **F** und **P** gehen aus diesen Operatoren durch Interdefinierbarkeitsbeziehungen hervor. Die Axiome von K_t lauten:

A1) $\mathbf{G}(p \rightarrow q) \rightarrow (\mathbf{G}p \rightarrow \mathbf{G}q)$

A2) $\mathbf{H}(p \rightarrow q) \rightarrow (\mathbf{H}p \rightarrow \mathbf{H}q)$

A3) $\neg\mathbf{G}\neg\mathbf{H}p \rightarrow p$

A4) $\neg\mathbf{H}\neg\mathbf{G}p \rightarrow p$

Zusätzlich gelten die folgenden Schlussregeln:

R1) $\vdash p \;\Rightarrow\; \vdash \mathbf{G}p$

Ist p ein Theorem in K_t, dann ist auch **G**p ein Theorem in K_t.

R2) $\vdash p \;\Rightarrow\; \vdash \mathbf{H}p$

Ist p ein Theorem in K_t, dann ist auch **H**p ein Theorem in K_t.

Mit den Notwendigkeitsoperatoren **G** und **H** können die Möglichkeitsoperatoren **F** und **P** definiert werden:

D1) $\mathbf{F}p = \neg\mathbf{G}(\neg p)$

D2) $\mathbf{P}p = \neg\mathbf{H}(\neg p)$

Man beachte: Das Axiom A1) entspricht dem modallogischen Axiom $\mathbf{N}(p \rightarrow q) \rightarrow (\mathbf{N}p \rightarrow \mathbf{N}q)$. Ebenso entsprechen die Regeln R1) und R2) der modallogischen Schlussregel

$$\vdash p \;\; \Rightarrow \;\; \vdash \mathbf{N}p \; .$$

Wir dürfen daher erwarten, dass die modallogischen Theoreme, die für den Notwendigkeitsoperator **N** im System K gelten, auch für die Operatoren **G** und **H** im System K_t gelten: Man nehme ein beliebiges Theorem in K, ersetze **N** durch **G** und **M** durch **F**, dann erhält man ein Theorem in K_t. Dasselbe gilt für die Vergangenheitsoperatoren **H** und **P**. Wir haben somit zwei unabhängige modallogische Kalküle für die Zukunftsoperatoren **F** und **G** sowie für die Vergangenheitsoperatoren **P** und **H**. Die Verbindung zwischen Vergangenheits- und Zukunftsoperatoren wird durch die beiden Axiome A3) und A4) hergestellt.

Das Axiom A3) ist äquivalent zu

A3') $p \rightarrow \mathbf{GP}p$

Beweis: Man ersetze in A3) p durch $\neg p$ und wende das Kontrapositionsgesetz sowie Definition D2) an.

$p \rightarrow \mathbf{GP}p$ heißt: Wenn p gegenwärtig ist, dann wird p (in Zukunft) immer vergangen sein. Das ist das *Gesetz von der Unwiderruflichkeit des Gegenwärtigen.*

Das Axiom A4) ist äquivalent zu

A4') $p \rightarrow \mathbf{HF}p$

Das heißt: Wenn p gegenwärtig ist, dann ist p (in der Vergangenheit) immer zukünftig gewesen. Oder: Daraus, dass etwas der Fall ist, folgt, dass es in der Vergangenheit immer der Fall war, dass das der Fall sein wird. (Quod fuit non potest non fuisse.) Das ist das *Gesetz von der historischen Notwendigkeit*. Zum Beispiel gilt: Wenn heute eine Seeschlacht stattfindet, dann war es in der Vergangenheit immer der Fall, dass eine Seeschlacht stattfinden wird.

Die Axiome A3') und A4') drücken den Fluss der Zeit von der Zukunft in die Vergangenheit aus: Ein Ereignis ist für uns zuerst zukünftig, dann ist es gegenwärtig und danach ist es vergangen. Wenn es einmal vergangen ist, dann wird es für immer vergangen sein.

Und was jetzt gegenwärtig ist, war in der Vergangenheit immer zukünftig.

Weitere äquivalente Formulierungen der Axiome A3) und A4) lauten:

A3'') $\mathsf{FH}p \rightarrow p$

A3'') heißt: Wenn p in der Zukunft schon immer der Fall war, dann ist p auch heute der Fall.

A4'') $\mathsf{PG}p \rightarrow p$

A4'') heißt: Wenn p in der Vergangenheit für die ganze Zukunft gilt, dann gilt p auch heute.

In K_t gelten folgende Theoreme:

T1a) $\mathsf{G}(p \wedge q) = \mathsf{G}p \wedge \mathsf{G}q$

T1b) $\mathsf{H}(p \wedge q) = \mathsf{H}p \wedge \mathsf{H}q$

Der Beweis erfolgt analog zu den entsprechenden Theoremen im Modalkalkül K (Beweis als Übung). Wir können diese Theoreme auch mit Hilfe des R-Kalküls beweisen. Im Fall T1) müssen wir zeigen: $R_t(\mathsf{G}p \wedge \mathsf{G}q) = R_t(\mathsf{G}(p{\wedge}q))$ für alle t.

Beweis: $R_t(\mathsf{G}p \wedge \mathsf{G}q) = R_t(\mathsf{G}p) \wedge R_t(\mathsf{G}q)$

$= \forall t\,(j<t \rightarrow R_t(p)) \wedge \forall t\,(j<t \rightarrow R_t(q))$

$\rightarrow\ \forall t\,(j<t \rightarrow R_t(p{\wedge}q)) = R_t(\mathsf{G}(p{\wedge}q))$

Dabei wurde von dem folgenden aussagenlogischen Gesetz Gebrauch gemacht: $(a{\rightarrow}b) \wedge (a{\rightarrow}c) = (a \rightarrow (b{\wedge}c))$.

Weitere Theoreme in K_t sind:

T2a) $\mathsf{F}(p{\vee}q) = \mathsf{F}p \vee \mathsf{F}q$

T2b) $\mathsf{P}(p{\vee}q) = \mathsf{P}p \vee \mathsf{P}q$

T3a) $\mathsf{G}(p{\vee}q) \rightarrow \mathsf{F}p \vee \mathsf{G}q$

T3b) $\mathsf{H}(p{\vee}q) \rightarrow \mathsf{P}p \vee \mathsf{H}q$

T4a) $\mathsf{G}(p{\rightarrow}q) \rightarrow (\mathsf{F}p \rightarrow \mathsf{F}q)$

T4b) $\mathsf{H}(p{\rightarrow}q) \rightarrow (\mathsf{P}p \rightarrow \mathsf{P}q)$

T5a) $\mathsf{F}p \wedge \mathsf{G}q \rightarrow \mathsf{F}(p{\wedge}q)$

T5b) $\mathsf{P}p \wedge \mathsf{H}q \rightarrow \mathsf{P}(p{\wedge}q)$

10.4 Spezielle Zeitordnungen

Das System K_t gilt für alle Zeitordnungen. Im folgenden betrachten wir spezielle Zeitordnungen, indem wir zusätzliche Eigenschaften für die Früher-Später-Relation < postulieren.

1. Die Zeit hat einen *Anfang* genau dann, wenn gilt:

$$\exists t\ \forall t'\ (t \neq t' \rightarrow t<t')$$

Umgekehrt gilt: Die Zeit hat *keinen Anfang*, wenn zu jedem Zeitpunkt t ein früherer Zeitpunkt t' existiert: $\forall t\ \exists t'\ (t \neq t' \wedge t'<t)$. Wenn die Zeit *keinen Anfang* hat, gilt: **H**p → **P**p bzw. p → **PF**p.

2. Die Zeit hat ein *Ende* genau dann, wenn gilt:

$$\exists t\ \forall t'\ (t \neq t' \rightarrow t'<t)$$

Die Zeit hat *kein Ende*, wenn zu jedem Zeitpunkt t ein späterer Zeitpunkt t' existiert: $\forall t\ \exists t'\ (t \neq t' \wedge t<t')$. Wenn die Zeit *kein Ende* hat, gilt: **G**p → **F**p bzw. p → **FP**p.

Beweis: Angenommen, die Zeit hat kein Ende und es gilt **G**p. Dann gilt: $\forall t\ (j<t \rightarrow R_t(p)) \wedge \exists t\ (j<t)$. Daraus folgt: $\exists t\ (j<t \wedge R_t(p))$, d.h. **F**p.

3. Die Zeitordnung ist *transitiv* genau dann, wenn gilt:

$$\forall t_1\ \forall t_2\ \forall t_3\ \ (t_1<t_2 \wedge t_2<t_3 \rightarrow t_1<t_3)$$

Wenn die Zeitordnung *transitiv* ist, gilt: **FF**p → **F**p bzw. **G**p → **GG**p. Ebenso gilt: **PP**p → **P**p bzw. **H**p → **HH**p.

4. Die Zeitordnung ist *dicht* genau dann, wenn gilt:

$$\forall t_1\ \forall t_2\ \ (t_1<t_2 \rightarrow \exists t_3\ (t_1<t_3 \wedge t_3<t_2))$$

Das heißt: Zwischen zwei beliebigen Zeitpunkten t_1 und t_2 gibt es stets einen weiteren Zeitpunkt t_3. Wenn die Zeitordnung *dicht* ist, gilt: **F**p → **FF**p bzw. **GG**p → **G**p. Ebenso gilt: **P**p → **PP**p bzw. **HH**p → **H**p.

Ist die Zeitordnung *transitiv und dicht*, dann gilt:
FFp = **F**p, **GG**p = **G**p, **PP**p = **P**p und **HH**p = **H**p.

Beweis: $R_t(\mathbf{FF}p) = \exists t\,(j<t \wedge R_t(\exists t'\,(j<t' \wedge R_{t'}(p))))$

$= \exists t\,(j<t) \wedge \exists t'\,(t<t' \wedge R_t\,R_{t'}(p))$

$= \exists t\,\exists t'\,(j<t \wedge t<t' \wedge R_{t'}(p))$

Wenn die Zeitordnung transitiv ist, folgt daraus:
$\exists t'\,(j<t' \wedge R_{t'}(p)) = R_t(\mathbf{F}p)$. Damit ist $\mathbf{FF}p \rightarrow \mathbf{F}p$ bewiesen. Umgekehrt: Wenn die Zeitordnung dicht ist, gibt es zwischen den Zeitpunkten j und t' einen weiteren Zeitpunkt t mit $j<t<t'$, so dass gilt: $R_t(\mathbf{F}p) \rightarrow R_t(\mathbf{FF}p)$. Damit ist $\mathbf{F}p \rightarrow \mathbf{FF}p$ bewiesen.

Dieses Gesetz gilt nicht für diskrete Zeitordnungen. Angenommen, die Menge der Zeitpunkte bestehe nur aus $t=0$ (= Jetztzeitpunkt) und $t=1$. p sei eine beliebige Aussage, die für $t=0$ falsch ist und für $t=1$ wahr ist. Dann ist **F**p wahr für $t=0$, weil p in Zukunft ($t=1$) wahr ist und **F**p ist falsch für $t=1$, da es keinen weiter in der Zukunft liegenden Zeitpunkt gibt, für den p wahr ist. Aber **FF**p ist falsch für $t=0$, weil es keinen weiteren Zeitpunkt zwischen 0 und 1 gibt.

5. Die Zeitordnung ist *vergangenheitslinear* genau dann, wenn gilt:

$$\forall t_1\,\forall t_2\,(t_1<j \wedge t_2<j \rightarrow (t_1<t_2 \vee t_1=t_2 \vee t_1>t_2))$$

Das bedeutet, dass die Zeitlinie der Zukunft Verzweigungen aufweisen kann, was einem *Indeterminismus* gleichkommt. Die Vergangenheit ist determiniert, da es eine eindeutige Vergangenheitszeitlinie gibt, während die Zukunft offen ist. Wenn die Zeitordnung *vergangenheitslinear* ist, dann gilt: $\mathbf{FP}p \rightarrow \mathbf{P}p \vee p \vee \mathbf{F}p$.

Beweis: $R_t(\mathbf{FP}p) = R_t(\mathbf{F}(\exists t'\,(t'<j \wedge R_{t'}(p))))$

$= \exists t\,(j<t \wedge R_t(\exists t'\,(t'<j \wedge R_{t'}(p))))$

$= \exists t\,(j<t \wedge \exists t'\,(R_t(t'<j) \wedge R_t\,R_{t'}(p)))$

$= \exists t\,(j<t \wedge \exists t'\,(t'<t \wedge R_{t'}(p)))$ (j-Wechsel-Regel)

$= \exists t\,\exists t'\,(j<t \wedge t'<t \wedge R_{t'}(p))$

Da die Zeitordnung relativ zu t vergangenheitslinear ist, gilt entweder a) $t'<j$ oder b) $t'=j$ oder c) $t'>j$.
Im Fall a) reduziert sich $R_t(\mathbf{FP}p)$ auf
$\exists t\,\exists t'\,(t'<j<t \wedge R_{t'}(p)) = \exists t'\,(t'<j \wedge R_{t'}(p))$, d.h. es gilt **P**p.
im Fall b): $\exists t\,(j<t \wedge R_j(p)) = R_j(p)$, d.h. es gilt p.
im Fall c): $\exists t\,\exists t'\,(j<t'<t \wedge R_{t'}(p))$, d.h. es gilt **F**p.

6. Die Zeitordnung ist *zukunftslinear* genau dann, wenn gilt:

$$\forall t_1\ \forall t_2\ (t_1 > j \wedge t_2 > j \rightarrow (t_1 < t_2 \vee t_1 = t_2 \vee t_1 > t_2))$$

Eine solche Zeitlinie weist vergangenheitsgerichtete Verzweigungen auf, ist aber linear in der Zukunft. Wenn die Zeitordnung zukunftslinear ist, dann ist die Zukunft eindeutig bestimmt. Georg Henrik von Wright schreibt: „Determinismus ist die Idee der Linearität der Zukunft.“ (Kienzle, S. 175)

Wenn die Zeit *zukunftslinear* ist, dann gilt: $\mathbf{PF}p \rightarrow \mathbf{P}p \vee p \vee \mathbf{F}p$.

Beweis: $R_t(\mathbf{PF}p) = R_t(\mathbf{P}(\exists t'\ (j < t' \wedge R_{t'}(p))))$

$= \exists t\ (t < j \wedge \exists t'\ (R_t(j < t') \wedge R_t\, R_{t'}(p)))$

$= \exists t\ (t < j \wedge \exists t'\ (t < t' \wedge R_{t'}(p))$ (j-Wechsel-Regel)

$= \exists t\ \exists t'\ (t < j \wedge t < t' \wedge R_{t'}(p)))$

Da die Zeitordnung zukunftslinear relativ zu t ist, gilt entweder
a) $t' < j$ oder b) $t' = j$ oder c) $t' > j$.
Im Fall a) reduziert sich $R_t(\mathbf{PF}p)$ auf
$\exists t\ \exists t'\ (t < t' < j \wedge R_{t'}(p)) = \exists t'\ (t' < j \wedge R_{t'}(p))$, d.h. es gilt $\mathbf{P}p$.
Fall b): $\exists t\ (t < j \wedge R_j(p)) = R_j(p)$, d.h. es gilt p.
Fall c): $\exists t\ \exists t'\ (t < j < t' \wedge R_{t'}(p)) = \exists t'\ (j < t' \wedge R_{t'}(p))$, d.h. $\mathbf{F}p$.

Setzen wir für p die Aussage „Es regnet“ ein, dann heißt $\mathbf{PF}p$: „Es war der Fall, dass es regnen wird“. Sei t' die Zeit, zu der die Aussage geäußert wird, t die Zeit, zu der es regnen wird. $R_{t'}(\mathbf{PF}p)$ heißt somit: „Zur Zeit t' war es der Fall, dass es zur Zeit t regnen wird.“ t' muss früher als t sein, d.h. $t' < t$; t' muss aber auch in der Vergangenheit liegen ($t' < j$), da der Satz im Präteritum formuliert ist. Unklar ist lediglich, ob t in der Vergangenheit, Gegenwart oder Zukunft liegt. Es gibt daher drei Möglichkeiten: a) $t < j$, d.h. es gilt $\mathbf{P}p$, b) $t = j$, d.h. es gilt p, oder c) $t > j$, d.h. es gilt $\mathbf{F}p$. Da eine Zukunftslinearität vorausgesetzt wird, muss einer der drei Fälle erfüllt sein. Daher kann aus $\mathbf{PF}p$ gefolgert werden: $\mathbf{P}p \vee p \vee \mathbf{F}p$.

7. Die Zeitordnung ist *zirkulär* genau dann, wenn die Früher-Später-Relation *reflexiv* ist, d.h. wenn gilt: $\forall t\ (t < t)$.

Wenn die Zeitordnung *zirkulär* ist, dann gilt: $\mathbf{G}p \rightarrow p$, $\mathbf{H}p \rightarrow p$, $p \rightarrow \mathbf{P}p$, $p \rightarrow \mathbf{F}p$.

Beweis für **G**p → p: $R_t(\mathbf{G}p) = \forall t\ (j < t \rightarrow R_t(p))$. Da die Ordnungsrelation reflexiv ist, gilt $j < j$ und damit $R_j(p) = p$.

Mit Hilfe der hier beschriebenen Eigenschaften kann man spezielle Axiomensysteme zusammenstellen, die für spezielle Zeitordnungen gelten. In einem *deterministischen* Universum stellt der Zeitstrahl eine kontinuierliche, eindimensionale Linie ohne Verzweigungen, ohne Schleifen und ohne Anfang und Ende dar. Die Zeitordnung ist transitiv, dicht und linear (d.h. zukunfts- und vergangenheitslinear). Es gelten die Eigenschaften 1.–6. und die daraus folgenden Gesetze.

Eine *indeterministische* Zeitlogik lässt dagegen zukunftsgerichtete Verzweigungen der Zeitlinie zu. Die Eigenschaft 6. (Zukunftslinearität) gilt in einer indeterministischen Welt nicht. In einer möglichen Zukunft wird eine Seeschlacht stattfinden (= **F**(p)), in einer anderen Zeitlinie dagegen nicht (= **F**(¬p)). Man sagt: Aussagen über künftige Ereignisse sind *futurisch kontingent*, sie gelten nicht absolut, sondern nur in einer möglichen Zeitlinie.

Einige Philosophen glauben, dass der Wahrheitswert futurisch kontingenter Aussagen konditional vom Wahrheitswert präsentischer Aussagen abhängt, weil künftige Handlungen von gegenwärtigen Wünschen, Intentionen und Dispositionen der Handelnden bestimmt werden. Zum Beispiel: „Wenn Herr Müller ein pflichtbewusster Mensch ist, dann wird er der verletzten Frau helfen." Wenn jedoch künftige Ereignisse von gegenwärtigen Ereignissen abhängen, dann wäre die Zukunft doch determiniert und die sich verzweigende Zeitlinie wäre eine Illusion, die auf unsere Unkenntnis der Zukunft zurückzuführen ist. Alternative Zeitverläufe wären zwar möglich im Sinne von denkbar oder vorstellbar, aber sie wären nicht real. Ein wirklicher Indeterminismus setzt die Existenz objektiver Zufallsprozesse voraus, die nicht durch andere Ereignisse determiniert sind. Ob die Welt determiniert ist oder nicht, kann nicht durch formale Logik entschieden werden, aber die Logik kann uns helfen, philosophische Probleme wie das Determinismus-Problem präzise zu formulieren und somit besser zu verstehen.

11. Aufgaben

1.) Auf einer Insel wohnen zwei Stämme: die Ehrlichen, die immer die Wahrheit sagen, und die Lügner, die immer lügen. Ein Reisender begegnete einem Eingeborenen und fragte ihn, zu welchem Stamm er gehöre. Der Diener antwortete, dass er aus dem Stamm der Ehrlichen sei. Daraufhin nahm der Reisende ihn in Dienst. Sie gingen weiter und erblickten in der Ferne einen anderen Eingeborenen. Der Reisende schickte seinen Diener, um jenen zu fragen, zu welchem Stamm er gehöre. Der Diener kehrte zurück und sagte, jener habe ihm erklärt, er sei aus dem Stamm der Ehrlichen. Die Frage ist nun: War der Diener ein Ehrlicher oder ein Lügner?

2.) Diskutieren Sie die Gültigkeit folgender Schlüsse. Welche der Schlüsse sind richtig, welche sind falsch?

a) Alle Menschen sind sterblich.
Sokrates ist ein Mensch.
Also ist Sokrates sterblich.

b) Alle Gänse haben zwei Beine.
Sokrates hat zwei Beine.
Also ist Sokrates eine Gans.

c) Alles Seiende ist gut. (Omne ens est bonum.)
Der Teufel existiert (ist seiend).
Also ist der Teufel gut.

d) Alles, was vollkommen ist, existiert.
Gott ist vollkommen.
Also existiert Gott.

e) Einige Lotterielose sind Gewinne.
Meine Zettel sind Lotterielose.
Also sind meine Zettel Gewinne.

f) Ein geringes Bevölkerungswachstum ist gut für ein Volk.
Hungersnöte senken das Wachstum eines Volkes.
Also sind Hungersnöte gut für ein Volk.

3.) Formulieren Sie umgangssprachlich die Negation (Verneinung) folgender Aussagen:
a) Die Erde dreht sich um die Sonne.
b) Alle Raben sind schwarz.
c) Es gibt Menschen, die unehrlich sind.
d) Alles ist käuflich.
e) Nichts ist vollkommen.
f) Sonntags scheint immer die Sonne.

4.) Welche der folgenden Aussagen sind wahr, welche sind falsch?
a) Auf dem Mars gibt es Leben oder Sokrates war ein griechischer Philosoph.
b) Die Frau von Sokrates hieß Xanthippe und Sokrates war der Lehrer von Platon.
c) Wenn Pinguine Vögel sind, dann können Pinguine fliegen.
d) Wenn 152 durch 12 teilbar ist, dann ist 152 auch durch 3 teilbar.

5.) Welchen Wahrheitswert haben die folgenden Aussagen, wenn für a und b wahre, für p und q falsche Aussagen eingesetzt werden?
a) $a \wedge p$
b) $\neg a \vee p$
c) $\neg(\neg a \wedge \neg q)$
d) $a \rightarrowtail\!\!\!\!\leftarrow \neg p$
e) $(a \wedge \neg b) \vee (b \wedge \neg q) \vee (p \wedge q)$
f) $\neg a \rightarrow p$
g) $a \rightarrow (\neg b \vee q)$

6.) Formalisieren Sie die folgenden Aussagen:
a) Volkswagen werden in Europa und in Amerika gefahren.
b) Petra liebt klassische Musik oder Popmusik.
c) Der Angeklagte wird verurteilt oder er wird freigesprochen.
d) Es ist nicht der Fall, dass der Angeklagte betrunken war und Unfallflucht begangen hat.
e) Es regnet, aber es ist nicht kalt.
f) Fritz fährt nicht nach Florenz oder Pisa, sondern nach Rom.
g) Wenn du viel arbeitest, wirst du die Logik-Klausur bestehen, wenn du aber nicht arbeitest, wirst du die Logik-Klausur nicht bestehen. (Wie könnte man diese Aussage kürzer formulieren?)

h) Wenn das Buch langweilig ist, dann lese ich es nicht, und wenn ich es nicht lese, liegt es bloß herum; deshalb liegt das Buch, wenn es langweilig ist, bloß herum.

i) Dieser Verein wird absteigen, es sei denn, er gewinnt noch alle ausstehenden Spiele.

7.) Man beweise durch eine Wahrheitswertentwicklung, dass folgende Ausdrücke allgemeingültig (d.h. tautologisch) sind:

a) $p \to (q \to p)$

b) $((p \to q) \land \neg q) \to \neg p$

c) $\neg p \lor ((q \to \neg p) \to \neg q)$

d) $(p \to q) \to [(r \lor p) \to (r \lor q)]$

8.) Man zeige durch indirekten Beweis die Allgemeingültigkeit der folgenden Ausdrücke:

a) $p \to (q \to p)$

b) $((p \to q) \land \neg q) \to \neg p$

c) $\neg p \lor ((q \to \neg p) \to \neg q)$

d) $(\neg p \lor q) \to [(r \to q) \lor \neg(r \to p)]$

9.) Man beweise durch eine Wahrheitswertentwicklung, dass folgende Ausdrücke logisch äquivalent sind:

a) $\neg(p \land q) = \neg p \lor \neg q$ (De Morgan)

b) $p \to q = \neg q \to \neg p$ (Kontraposition)

c) $p \lor (p \land q) = p$ (Verschmelzungsgesetz)

d) $p \land (q \lor r) = (p \land q) \lor (p \land r)$ (Distributivgesetz)

10.) Man vereinfache folgende Ausdrücke:

a) $(p \land q) \lor (p \land r) \lor (p \land \neg r)$

b) $q \lor r \lor (p \land q) \lor (q \land r)$

c) $[p \land (\neg p \lor q)] \lor [q \land (q \lor r)] \lor q$

11.) a) Man forme den Ausdruck $p \lor (p \land q)$ in eine KNF um.

b) Man forme den Ausdruck $((q \to p) \lor r) \to ((p \leftrightarrow q) \land r)$ in eine DNF um.

12.) Die *Peirce-Funktion* $\downarrow$ (auch Rejektion genannt) besitzt die folgende Wahrheitstafel:

p	q	$p \downarrow q$
w	w	f
w	f	f
f	w	f
f	f	w

a) Man stelle die Verknüpfung $p \downarrow q$ in der Junktorenbasis $\{\neg, \rightarrow\}$ dar.
b) Zeigen Sie, dass die Peirce-Funktion selbst eine Junktorenbasis darstellt. D.h. alle anderen Junktoren lassen sich durch den Peirce-Junktor ausdrücken. Man gehe dabei folgendermaßen vor:

1. Man zeige durch Wahrheitswertentwicklung, dass $\neg p = p \downarrow p$ gilt. Anschließend beweise man durch rekursive Definition:
2. $p \wedge q = (p \downarrow p) \downarrow (q \downarrow q)$ (Wahrheitstafel!)
3. $p \vee q = (p \downarrow q) \downarrow (p \downarrow q)$
4. $p \rightarrow q = ((p \downarrow p) \downarrow q) \downarrow ((p \downarrow p) \downarrow q)$

13.) Was halten Sie von dem folgenden Schluss: „Wenn etwas gut ist, dann ist es teuer. Meine Armbanduhr war teuer. Also muss sie auch gut sein." Ist dieser Schluss richtig?

14.) In einem Gerichtsprozess sagt der Staatsanwalt: „Der Angeklagte lügt oder der Angeklagte weiß nicht, was er sagt." Der Verteidiger hält dem entgegen: „Der Angeklagte lügt nicht." Welche Schlussfolgerung müsste der Richter daraus ziehen?

15.) Kalif Omar setzte die berühmte Bibliothek von Alexandria in Brand und berief sich dabei auf die Logik und den Koran. Er rechtfertigte die Bücherverbrennung mit dem folgenden Schluss:

1. Entweder stimmen die Bücher dieser Bibliothek ihrem Inhalt nach mit dem Koran überein oder nicht.
2. Wenn diese Bücher mit dem Koran übereinstimmen, dann sind sie unnütz.
3. Wenn diese Bücher nicht mit dem Koran übereinstimmen, dann sind sie schädlich.

4. Wenn diese Bücher unnütz sind, dann gehören sie ins Feuer.
5. Wenn diese Bücher schädlich sind, dann gehören sie auch ins Feuer.
6. Also gehören diese Bücher auf jeden Fall ins Feuer.

Ist dieser Schluss korrekt? Welche Schlüsse werden in der Argumentation von Kalif Omar verwendet?

16.) Kommissar K hat einen schwierigen Fall zu lösen. Er hat vier Verdächtige - nennen wir sie P, Q, R und S. P spielt eine wichtige Rolle: Ist er unschuldig, dann ist auch Q außer Verdacht und die Schuld von R wäre unzweifelhaft. S ist die Schlüsselfigur. Ist S unschuldig, dann war Q bei den Tätern; ist er schuldig, dann ist auch R dran. Aber R hat ein todsicheres Alibi. Helfen Sie dem Kommissar. Wer sind die Täter? (Verwenden Sie die folgenden Abkürzungen: p = P ist schuldig, q = Q ist schuldig, usw.)

17.) Aus einem amerikanischen Logik-Lehrbuch aus der Zeit des kalten Krieges:

1. If a third world war between Russia and the U.S. is to be avoided, then either Russia or the U.S. must disarm its nuclear misselry.
2. If a third world war between Russia and the U.S. is not avoided, then, if this war is a nuclear war, Russia and the U.S. will be destroyed and China will be the dominant world nation.
3. And if Russia and the U.S. are destroyed and China emerges as the dominant world nation, there will be world socialism.
4. In fact, neither Russia nor the U.S. will disarm its nuclear misselry.
5. Moreover, if a third world war between Russia and the U.S. is not avoided, then this world war will be a nuclear war.

Welche Schlussfolgerungen können aus diesen Prämissen gezogen werden?

18.) Existiert Gott?

1. Wenn Gott existiert, dann ist er gut und allmächtig.
2. Wenn Gott unfähig ist, das Leiden in der Welt zu verhindern, dann ist er nicht allmächtig.
3. Wenn Gott das Leiden nicht verhindern will, dann ist er nicht gut.

4. Wenn Gott sowohl fähig als auch willens wäre, das Leiden in der Welt zu verhindern, dann würde es kein Leiden geben.
5. Aber es gibt Leiden in der Welt.

Ziehen Sie aus diesen Prämissen eine Schlussfolgerung.

19.) Kommissar K grübelt. Er weiß:
1. P ist genau dann schuldig, wenn Q unschuldig ist.
2. R ist genau dann unschuldig, wenn S schuldig ist.
3. Falls S an der Tat beteiligt war, dann auch P und umgekehrt.
4. Wenn S schuldig ist, dann war auch Q beteiligt.

Wer gehört zu den Tätern und wer ist unschuldig?

20.) Beweisen Sie mit Hilfe der Widerspruchsregel folgenden Schluss:

$$\frac{\begin{array}{l} A \rightarrow B \\ B \rightarrow D \\ (C \vee D) \rightarrow \neg E \\ (E \vee F) \rightarrow (A \vee B) \end{array}}{\neg E}$$

21.) a) Mit Hilfe des Kalküls des natürlichen Schließens beweise man die Schlussregel

$$\frac{p \rightarrow (q \rightarrow r)}{(p \wedge q) \rightarrow r.}$$

b) Man zeige, dass auch die Umkehrung des obigen Schlusses gilt:

$$\frac{(p \wedge q) \rightarrow r}{p \rightarrow (q \rightarrow r).} \quad \text{(Exportationsregel)}$$

22.) Itzo, da der Herbst gekommen
und das Korn vom Feld genommen,
treibt der Senner mit viel Mühe
von den Almen seine Kühe.
Dabei wandert oft sein Sinn
zu den alten Sprüchen hin,
die, soweit er sie noch kennt,
der Volksmund Bauernregeln nennt.
Davon habe ich euch sieben
zum Ergötzen aufgeschrieben:

Melkt die Magd im Stall die Kuh,
geht's auf der Tenne lustig zu.
Hörst du den Knecht recht lautstark fluchen,
dann mußt du bei der Magd ihn suchen.
Wird fortgehen die Bauersfrau,
dann – dieses weiß ich ganz genau –
feiert man auf der Tenn' nicht schlecht,
doch lauthals fluchen wird der Knecht.
Sieht bei der Magd den Knecht man stehn
und kann man sie nicht melken sehn,
dann ist – wie könnt' es anders sein –
gewiß die Bäuerin nicht daheim.
Läßt der Knecht die Magd in Ruh,
oder melkt sie nicht die Kuh,
wird man nicht den Bauer sehn
auf das Feld zur Arbeit gehn.
Wenn's auf der Tenne lustig ist,
den Knecht man bei der Magd vermißt.
Geht der Bauer nicht hinaus
auf das Feld und bleibt zu Haus
auch die Bauersfrau, ja, dann
flucht der Knecht so laut er kann.
Wenn ihr nun bedenkt dies alles,
fragt euch, ob im Mief des Stalles
unsere Magd wohl melkt die Kuh?
Geht's auf der Tenne lustig zu?
Muß bei der Magd den Knecht man suchen?
Hört man denselben lauthals fluchen?
Wo ist die Bäuerin, wo ihr Mann?
Ob er aufs Feld geht? Saget an,
was euch die strenge Logik lehrt,
und – bitte – macht es nicht verkehrt.
(Logelei von Zweistein, aus: ZEIT-Magazin 43/1991)

23.) $\mathbb{Q}(x)$ heißt: x ist eine rationale Zahl, I(x) bedeutet: x ist eine irrationale Zahl. Formalisieren Sie:

a) Es gibt rationale Zahlen.
b) Nicht jede Zahl ist rational.

c) Es gibt irrationale Zahlen.
d) Wenn eine Zahl rational ist, dann ist sie nicht irrational.
e) Es gibt keine Zahl, die sowohl rational als auch irrational ist.
f) Jede Zahl ist entweder rational oder irrational.

24.) Für natürliche Zahlen $x \in \mathbb{N}$ sind die folgenden Prädikate definiert: G(x) = x ist eine gerade Zahl, D(x) = x ist durch 3 teilbar, S(x) = x ist durch 6 teilbar, P(x) = x ist eine Primzahl. Welche der folgenden Aussagen sind wahr, welche sind falsch?

a) $\forall x\,(G(x) \rightarrow D(x))$
b) $\forall x\,(G(x) \rightarrow S(x))$
c) $\forall x\,(S(x) \rightarrow G(x))$
d) $\forall x\,(S(x) \rightarrow D(x))$
e) $\forall x\,(D(x) \rightarrow P(x))$
f) $\forall x\,(P(x) \rightarrow S(x))$
g) $\forall x\,(P(x) \rightarrow \neg S(x))$
h) $\exists x\,(G(x) \wedge D(x))$
i) $\exists x\,(G(x) \wedge S(x))$
j) $\exists x\,(D(x) \wedge \neg S(x))$
k) $\exists x\,(S(x) \wedge \neg D(x))$
l) $\exists x\,(D(x) \wedge P(x))$
m) $\exists x\,(G(x) \wedge P(x))$
n) $\exists x\,(P(x) \wedge \neg D(x))$

25.) Untersuchen Sie, welche der folgenden Relationen reflexiv, symmetrisch, transitiv, identitiv oder asymmetrisch sind. Liegt eine Äquivalenzrelation, eine reflexive oder strikte Ordnungsrelation vor? (M bezeichnet jeweils die Grundmenge der Relation.)

a) M = Menge aller Menschen, V(x,y) = x ist Vorfahre von y.
b) M = Menge aller Menschen, R(x,y) = x ist mit y verwandt.
c) M = Städte auf der Erde, S(x,y) = x und y sind durch Straßen miteinander verbunden.
d) M = Bewohner einer Stadt, N(x,y) = x ist Nachbar von y.
e) M = Menge aller Geraden in der Ebene, P(x,y) = x ist parallel zu y.
f) $M = \mathbb{R}$ (Menge der rellen Zahlen), Z(x,y) = x und y unterscheiden sich durch eine ganze Zahl, d.h. $x - y \in \mathbb{Z}$.

26.) Man beweise die folgende Schlussregel (Modus Baroco):

$$\frac{\begin{array}{l}\forall x\,(P(x) \rightarrow M(x)) \\ \exists x\,(S(x) \wedge \neg M(x))\end{array}}{\exists x\,(S(x) \wedge \neg P(x))}$$

27.) 1. Jeder unverheiratete Nichtraucher sammelt Briefmarken.
2. Jeder Briefmarkensammler aus Leipzig ist ein Raucher oder es gibt unter den Briefmarkensammlern, die Nichtraucher sind, keinen, der nicht in Leipzig wohnt.
3. Peter Schulze wohnt in Hamburg, ist Nichtraucher und sammelt Briefmarken.

Man beweise: Jeder Junggeselle, der in Leipzig wohnt, ist ein Raucher.

28.) Formalisieren Sie die folgenden Sätze im Prädikatenkalkül:

a) Wer zu spät kommt, der wird vom Leben bestraft.
b) Es gibt kein Huhn, das goldene Eier legt.
c) Keine Rose ohne Dornen.
d) Es ist nicht alles Gold was glänzt.
e) Alles, was Freude macht, ist unmoralisch oder illegal oder schadet der Gesundheit.
f) „Jeder hat das Recht auf die freie Entfaltung seiner Persönlichkeit, soweit er nicht die Rechte anderer verletzt und nicht gegen die verfassungsmäßige Ordnung oder das Sittengesetz verstößt.“ (GG, Art.2, Abs.1)
Verwenden Sie dabei die folgenden Abkürzungen: R(x) = x hat das Recht auf die freie Entfaltung seiner Persönlichkeit, V(x) = x verletzt die Rechte anderer, O(x) = x verstößt gegen die verfassungsmäßige Ordnung, S(x) = x verstößt gegen das Sittengesetz.

29.) Formalisieren Sie die folgenden Sätze unter Verwendung der angegebenen Abkürzungen:

a) Romeo ist auf jeden eifersüchtig, der Julia liebt. (r = Romeo, j = Julia, L(x,y) = x liebt y, E(x,y) = x ist eifersüchtig auf y.)
b) Wer einmal lügt, dem glaubt man nicht. (L(x) = x hat einmal gelogen, G(x,y) = x glaubt y.)

30.) Ein wissenschaftliches Gesetz wird meist in Form einer Allaussage ausgedrückt (z.B. „Alle Schwäne sind weiß“): $\forall x\ [S(x) \rightarrow W(x)]$. Man zeige, dass die Existenz eines Gegenbeispiels (also die Existenz mindestens eines nichtweißen Schwans: $\exists x\ [S(x) \wedge \neg W(x)]$) zur Widerlegung, d.h. zu einem Widerspruch, führt, indem man beide Sätze durch Konjunktion verbindet und durch Äquivalenzumformungen auf die Form $p \wedge \neg p$ bringt:

$$\forall x\, [S(x) \rightarrow W(x)] \;\wedge\; \exists x\, [S(x) \wedge \neg W(x)] \;=\; \ldots\ldots \;=\; p \wedge \neg p.$$

31.) Vergleichen Sie die beiden Sätze

1. Es stimmt nicht, dass alle Kreter lügen.
2. Epimenides, ein Kreter sagt: „Alle Kreter lügen“.

a) Formulieren Sie den 1.Satz in der Sprache der Prädikatenlogik. Verwenden Sie dabei die Prädikate $K(x)$ = x ist ein Kreter und $L(x)$ = x lügt.
b) Formulieren Sie den 1.Satz mit Hilfe eines Existenzquantors. Folgt daraus, dass Epimenides die Wahrheit sagt?
c) Worin besteht der Unterschied zwischen dem 1. und dem 2.Satz? Unter welchen Voraussetzungen führt der 2.Satz in einen logischen Zirkel?

32.) Beweisen Sie a) das Konversionsgesetz $SeP = PeS$ und b) das Umkehrungsgesetz $SaP = \overline{P}a\overline{S}$.

33.) a) Was für ein Syllogismus stellt der folgende Schluss dar?

Alle Katzen sind gute Mäusefänger.
Einige Säugetiere sind Katzen.
____
Also sind einige Säugetiere gute Mäusefänger.

Wie heißt der Modus? Zu welcher Figur gehört der Schluss?

b) Welchen Modus erhält man aus diesem Syllogismus, wenn man den Untersatz (2.Prämisse) konvertiert? Zu welcher Figur gehört der neue Syllogismus?

34.) Welche Folgerung kann man aus den folgenden Prämissen ziehen? Geben Sie den Namen des Syllogismus an, auf den Sie sich berufen.

a) Kein Mensch ist unfehlbar.
Alle Päpste sind Menschen.
b) Alle Philosophen beherrschen die Regeln der Logik.
Kein Verrückter beherrscht die Regeln der Logik.
c) Kein Fisch ist ein Vogel.
Einige Vögel können schwimmen.

35.) „Da bemerke ich nun in erster Linie einen großen Unterschied zwischen Körper und Geist, insofern nämlich der Körper seiner Natur nach stets teilbar, der Geist aber durchaus unteilbar ist. In der Tat, betrachte ich meinen Geist, d.h. mich selbst, lediglich als denkendes Ding, so kann ich keine Teile in mir unterscheiden, vielmehr erkenne ich, dass ich ein durchaus einheitliches Ganzes bin. (...) Hingegen kann ich mir kein körperliches oder ausgedehntes Ding denken, das ich mir nicht mit Leichtigkeit in Teile zerlegt denken könnte, und so erkenne ich dessen Teilbarkeit." (Descartes, Meditationen VI)

a) Formalisieren Sie die folgenden Sätze unter Verwendung der angegebenen Prädikate: 1. Nichts Geistiges ist teilbar. 2. Alles, was ausgedehnt ist, ist teilbar. Prädikate: G(x) = x ist geistig, A(x) = x ist ausgedehnt, T(x) = x ist teilbar. Formalisieren Sie den 1.Satz sowohl unter Verwendung eines Existenzquantors als auch unter Verwendung eines Allquantors.
b) Welche Schlussfolgerung kann man aus den beiden Sätzen ziehen? Begründen Sie Ihren Vorschlag, indem Sie den Namen des Syllogismus angeben, der diesem Schluss zugrunde liegt. Formalisieren Sie die Konklusion unter Verwendung eines All- oder Existenzquantors.
c) Spinoza schreibt in seiner „Ethik" (Eth. II, Prop. 1+2): „Deus est res cogitans" (Gott ist ein denkendes Ding) und „Deus est res extensa" (Gott ist ein ausgedehntes Ding). Wie beurteilen Sie Spinozas Lehrsätze im Hinblick auf Ihre in b) bewiesene Schlussfolgerung?

36.) Von Lewis Carroll (Symbolic Logic, London 1897) stammt das folgende Rätsel:

1. The only animals in this house are cats.
2. Every animal is suitable for a pet, that loves to gaze at the moon.
3. When I detest an animal, I avoid it.
4. No animals are carnivorous, unless they prowl at night.
5. No cat fails to kill mice.
6. No animals ever take to me, except what are in this house.
7. Kangaroos are not suitable for pets.
8. None but carnivora kill mice.
9. I detest animals that do not take to me.
10. Animals, that prowl at night, always love to gaze at the moon.

Ziehen Sie aus diesen Prämissen die richtige Schlussfolgerung.

37.) Zeigen Sie, dass die folgenden Sätze Theoreme in (K) sind:

a) $\mathsf{M}(a \wedge b) \rightarrow \mathsf{M}a \wedge \mathsf{M}b$

b) $\mathsf{N}(a \rightarrow b) \rightarrow (\mathsf{M}a \rightarrow \mathsf{M}b)$

c) $\mathsf{M}(a \rightarrow b) = \mathsf{N}a \rightarrow \mathsf{M}b$

38.) Beweisen Sie die Gültigkeit der folgenden Regel in (K):

$$\frac{\alpha \rightarrow \beta}{\mathsf{M}\alpha \rightarrow \mathsf{M}\beta}$$

39.) Beweisen Sie, dass man im System (K) anstelle des Axioms A5) auch das Theorem T10) $\mathsf{N}p \wedge \mathsf{M}q \rightarrow \mathsf{M}(p \wedge q)$ (Axiom von Lemmon) als Axiom einsetzen kann. Hierzu genügt es zu zeigen, dass aus T10) A5) folgt: T10) $\Rightarrow$ A5).

40.) Man beweise: $\mathsf{NMN}p \rightarrow \mathsf{NM}p$ ist ein Theorem in (T).

41.) Von René Descartes stammt das folgende Argument gegen die Identität von Körper und Geist:

1. Es ist möglich, dass ich ein geistiges Wesen bin, aber keinen Körper besitze.
2. Wenn der Geist mit dem Körper identisch ist, dann muss notwendigerweise jedes x, das geistig ist, auch körperlich sein.
3. Also ist der Geist nicht mit dem Körper identisch.

a) Formalisieren Sie den 1. und 2.Satz mit Hilfe der Modallogik. Verwenden Sie dabei folgende Abkürzungen: G(x) = x ist geistig, K(x) = x ist körperlich, e = Ich (ego), Id = Identitätsthese (= Der Geist ist mit dem Körper identisch).

b) Beweisen Sie, dass der Schluss von Descartes ein gültiger modallogischer Schluss ist.

42.) „If determinism is true, then our acts are the consequences of the laws of nature and events in the remote past. But it is not up to us what went on before we were born, and neither is it up to us what the laws of nature are. Therefore, the consequences of these things (including our present acts) are not up to us.“ (Inwagen 1983, S. 16) p_0 sei eine Aussage, die den Zustand der Welt zur Zeit t_0 beschreibt;

p sei eine Aussage, die den Zustand der Welt zur Zeit t beschreibt; G sei die Konjunktion aller Naturgesetze. **N**p heißt: p kann nicht verändert werden, d.h. man kann p nicht falsch machen. Gegeben seien folgende Prämissen:

1. Zukünftige Weltzustände sind durch vergangene Weltzustände und die Naturgesetze determiniert, d.h. $p_0 \wedge G \rightarrow p$. (Determinismusprinzip)
2. $\mathbf{N}p_0$: Vergangene Ereignisse können von uns nicht verändert werden.
3. **N**G: Die Naturgesetze können von uns nicht verändert werden.

Man beweise im System (K), dass aus diesen drei Prämissen folgt: **N**p, d.h. kein Ereignis kann von uns beeinflusst oder verändert werden, d.h. aus dem Determinismus folgt der Fatalismus. Dieser Schluss ist als das *Konsequenz-Argument* Peter van Inwagens bekannt.

43.) Formalisieren Sie die folgenden Sätze:

a) Was nicht erlaubt ist, das ist verboten.
b) Nicht sein kann, was nicht sein darf.
c) Was ist der Unterschied zwischen den beiden Sätzen (1) „Für alle Menschen ist es geboten, H zu tun“ und (2) „Es ist geboten, dass alle Menschen H tun“? Kann man aus dem einen Satz den anderen Satz folgern oder umgekehrt?

44.) Hausfrauen stehen häufig vor einem unlösbaren Dilemma: Sie sollen kochen und sie sollen die Wäsche waschen, aber sie können nicht beides gleichzeitig tun. Nach Bernard Williams hat ein *moralisches Dilemma* die Form:

1. $\mathbf{O}a$ = Du sollst a tun.
2. $\mathbf{O}b$ = Du sollst b tun.
3. $\neg\mathbf{M}(a \wedge b)$ = Man kann nicht gleichzeitig a und b tun.

a) Man beweise, dass daraus ein *normativer Widerspruch* hergeleitet werden kann. Hinweis: Man verwende dabei das Prinzip „Sollen impliziert Können“:

(A) $\mathbf{O}p \rightarrow \mathbf{M}p$.

b) Man leite aus den Prämissen 1. bis 3. einen *deontischen Widerspruch* her unter Verwendung der Gesetze

(B) $\mathbf{O}p \wedge (p \rightarrow q) \rightarrow \mathbf{O}q$,

(C) $p \rightarrow \mathbf{M}p$.

45.) Für bedingte Gebote der Form $\mathbf{O}(p \rightarrow q)$ lässt sich eine Paradoxie herleiten, die man *„contrary to duty obligations"* nennt.

a) Formalisieren Sie die folgenden Sätze:

1. Es ist geboten, dass man seinem Nachbarn hilft.
2. Es ist geboten, wenn man seinem Nachbarn hilft, dann teilt man dem Nachbarn das Kommen mit.
3. Wenn man nicht so handelt (also dem Nachbarn nicht hilft), dann ist es geboten, dem Nachbarn nicht mitzuteilen, dass man kommt.
4. Man hilft dem Nachbarn nicht.

b) Zeigen Sie, dass man aus diesen Sätzen einen deontischen Widerspruch herleiten kann.

46.) Beweisen Sie: a) Das Axiom A1) der temporalen Logik (K_t) ist äquivalent zu $\mathbf{G}(p \rightarrow q) \rightarrow (\mathbf{F}p \rightarrow \mathbf{F}q)$.
b) Das Axiom A2) ist äquivalent zu $\mathbf{H}(p \rightarrow q) \rightarrow (\mathbf{P}p \rightarrow \mathbf{P}q)$.

47.) Beweisen Sie: Wenn die Zeitordnung transitiv und dicht ist, gilt $\mathbf{PP}p = \mathbf{P}p$.

48.) Eine Aussage p gilt *notwendig*, wenn sie immer, d.h. zu jeder Zeit, wahr ist: $\mathbf{N}p = p \wedge \mathbf{G}p \wedge \mathbf{H}p$ (= Es ist der Fall und war immer der Fall und wird immer der Fall sein, dass p). $R_t(\mathbf{N}p) = \forall t\ R_t(p)$.
Ebenso: p ist *möglich*, wenn p irgendwann, d.h. zu irgendeiner Zeit, wahr ist, d.h. $\mathbf{M}p = \neg\mathbf{N}(\neg p) = p \vee \mathbf{F}p \vee \mathbf{P}p$, $R_t(\mathbf{M}p) = \exists t\ R_t(p)$.

a) Beweisen Sie, dass mit den so definierten Modaloperatoren aus dem temporalen System (K_t) das modallogische System (K) folgt. Zu zeigen ist:

1. $\mathbf{N}(p \rightarrow q) \rightarrow (\mathbf{N}p \rightarrow \mathbf{N}q)$
2. $\vdash \alpha \quad \Rightarrow \quad \vdash \mathbf{N}\alpha$

b) Beweisen Sie: Wenn die Zeit zukunftslinear ist und keinen Anfang hat, dann gilt $\mathbf{N}p \rightarrow p \rightarrow \mathbf{M}p$. D.h. in diesem Fall ergibt sich das System (T). Dasselbe gilt, wenn die Zeit vergangenheitslinear ist und kein Ende hat.

12. Lösungen ausgewählter Aufgaben

1.) Der Diener war ein Ehrlicher.

3.) a) Die Erde dreht sich nicht um die Sonne.
b) Einige Raben sind nicht schwarz.
c) Alle Menschen sind ehrlich.
d) Es gibt Dinge, die man nicht kaufen kann.
e) Es gibt vollkommene Dinge.
f) Es gibt Sonntage, an denen die Sonne nicht immer scheint.

4.) a) wahr b) wahr c) falsch d) wahr

5.) a) f b) f c) w d) f e) w f) w g) f

6.) f) $\neg(f \vee p) \wedge r$
g) $(a \rightarrow b) \wedge (\neg a \rightarrow \neg b) \;=\; a \leftrightarrow b$
h) $(a \rightarrow b) \wedge (b \rightarrow c) \rightarrow (a \rightarrow c)$
i) $a \rightarrowtail\!\!\!\!\prec g$

8.) d) Annahme: $I((\neg p \vee q) \rightarrow [(r \rightarrow q) \vee \neg(r \rightarrow p)]) = F$
$\Rightarrow\; I(\neg p \vee q) = W \;\wedge\; I((r \rightarrow q) \vee \neg(r \rightarrow p)) = F$
$\Rightarrow\;$ 1. $I(\neg p \vee q) = W$, 2. $I(r \rightarrow q) = F$, 3. $I(r \rightarrow p) = W$
Aus 2. folgt: 4. $I(r) = W$ und 5. $I(q) = F$.
Aus 1. und 5. folgt: $I(p) = F$, aus 3. und 4. folgt: $I(p) = W$.
$\Rightarrow$ Widerspruch!

10.) a) p b) $q \vee r$ c) q

11.) a) $p \vee (p \wedge q) = p \wedge (p \vee q) = (p \vee q) \wedge (p \vee \neg q)$
b) $(p \wedge q \wedge r) \vee (\neg p \wedge q \wedge \neg r) \vee (\neg p \wedge \neg q \wedge r)$

16.)

1.	$\neg p \rightarrow (\neg q \wedge r)$	Prämisse
2.	$\neg s \rightarrow q$	Prämisse
3.	$s \rightarrow r$	Prämisse
4.	$\neg r$	Prämisse
5.	$\neg s$	MT aus 3. und 4.

6.	q	MP aus 2. und 5.
7.	$q \vee \neg r$	DE aus 6.
8.	$\neg(\neg q \wedge r)$	De Morgan aus 7.
9.	p	MT aus 1. und 8.

Ergebnis: P und Q sind die Täter. R und S sind unschuldig.

17.) A third world war between Russia and the U.S. is not avoided. The third world war will be a nuclear war, Russia and the U.S. will be destroyed, China will emerge as the dominant world nation, and there will be world socialism.

19.) R und Q sind schuldig, P und S sind unschuldig.

20.)

1.	$A \to B$	Prämisse
2.	$B \to D$	Prämisse
3.	$(C \vee D) \to \neg E$	Prämisse
4.	$(E \vee F) \to (A \vee B)$	Prämisse
5.	E	Annahme
6.	$\neg(C \vee D)$	MT aus 3. und 5.
7.	$\neg C \wedge \neg D$	De Morgan aus 6.
8.	$\neg D$	KB aus 7.
9.	$\neg B$	MT aus 2. und 8.
10.	$\neg A$	MT aus 1. und 9.
11.	$\neg A \wedge \neg B$	KE aus 9. und 10.
12.	$\neg(A \vee B)$	De Morgan aus 11.
13.	$\neg(E \vee F)$	MT aus 4. und 12.
14.	$\neg E \wedge \neg F$	De Morgan aus 13.
15.	$\neg E$	KB aus 14.
16.	$\neg E$	WR

22.) Die Bäuerin, sie bleibt zu Haus,
hingegen geht der Bauer raus
aufs Feld, derweil geht's lustig zu,
in seiner Scheune. Und die Kuh,
die melkt die Magd; sie ist allein,
der Knecht möchte nicht bei ihr sein.
Ihn muß man auf dem Hofe suchen,
denn niemand hört ihn lauthals fluchen.

24.) a) f b) f c) w d) w e) f f) f g) w
h) w i) w j) w k) f l) w m) w n) w

26.)

1.	$\forall x\,(P(x) \to M(x))$	Prämisse
2.	$\exists x\,(S(x) \wedge \neg M(x))$	Prämisse
3.	$S(u) \wedge \neg M(u)$	∃B aus 2. (u: Bsp.)
4.	$P(u) \to M(u)$	∀B aus 1.
5.	$\neg M(u)$	KB aus 3.
6.	$\neg P(u)$	MT aus 4. und 5.
7.	$S(u)$	KB aus 3.
8.	$S(u) \wedge \neg P(u)$	KE aus 6. und 7.
9.	$\exists x\,(S(x) \wedge \neg P(x))$	∃E aus 8.

27.) 1. $\forall x\,(\neg R(x) \wedge J(x) \to B(x))$
2. $\forall x\,(L(x) \wedge B(x) \to R(x)) \vee \neg\exists x\,(\neg R(x) \wedge B(x) \wedge \neg L(x))$
3. $\neg L(s) \wedge \neg R(s) \wedge B(s)$

Man führe die Annahme $L(a) \wedge J(a)$ ein, wobei a eine beliebige Individuenkonstante ist und leite daraus, unter Verwendung des Exportationsgesetzes $R(a)$ ab. Die Exportationsregel $(p\wedge q)\to r \Rightarrow p\to(q\to r)$ wurde in Aufg. 21 b) bewiesen.

28.) a) $\forall x\,(S(x) \to L(x))$
b) $\neg\exists x\,(H(x) \wedge G(x)) = \forall x\,(H(x) \to \neg G(x))$
c) $\neg\exists x\,(R(x) \wedge \neg D(x)) = \forall x\,(R(x) \to D(x))$
d) $\neg\forall x\,(Gl(x) \to Go(x)) = \exists x\,(Gl(x) \wedge \neg Go(x))$
e) $\forall x\,(F(x) \to U(x) \vee I(x) \vee S(x))$
f) $\forall x\,(\neg V(x) \wedge \neg O(x) \wedge \neg S(x) \leftrightarrow R(x))$

29.) a) $\forall x\,(L(x,j) \to E(r,x))$
b) $\forall x\,(L(x) \to \neg\exists y\, G(y,x))$

31.) a) $\neg\forall x\,(K(x) \to L(x))$

b) $\exists x\,(K(x) \wedge \neg L(x))$
Es gibt mindestens einen Kreter, der die Wahrheit sagt.

c) Der 2.Satz führt nur dann zu einem Widerspruch, wenn Epimenides der einzige Kreter ist. Ansonsten kann es sein, dass Epimenides lügt, aber es einen anderen Kreter gibt, der die Wahrheit sagt. Dann entsteht kein Widerspruch.

33.) a) Modus Darii, 1.Figur b) Modus Datisi, 3.Figur

34.) a) Kein Papst ist unfehlbar. (Modus Celarent)
b) Kein Verrückter ist Philosoph, oder: Kein Philosoph ist verrückt. (Modus Camestres)
c) Einige Tiere, die schwimmen können, sind keine Fische. (Modus Fresison)

35.) a) 1. $\forall x\,(G(x) \rightarrow \neg T(x)) = \neg\exists x\,(G(x) \wedge T(x))$
2. $\forall x\,(A(x) \rightarrow T(x))$

b) Nichts Ausgedehntes ist geistig, oder: Nichts Geistiges ist ausgedehnt. (Modus Cesare, 2.Figur)
$\forall x\,(A(x) \rightarrow \neg G(x)) = \neg\exists x\,(G(x) \wedge A(x))$ = Es gibt kein Ding, das sowohl ausgedehnt als auch geistiger Natur ist. Res extensa und res cogitans sind zwei verschiedene Substanzen.

c) Spinoza: $\exists x\,(G(x) \wedge A(x))$. Spinozas Lehrsätze stehen im Widerspruch zu den Behauptungen Descartes'.

36.) All kangaroos are avoided by me. (Man beachte: Die Sätze 4, 6 und 8 drücken Äquivalenzen aus.)

37.) a)
1. $\mathbf{N}p \vee \mathbf{N}q \rightarrow \mathbf{N}(p \vee q)$ — T7)
2. $\neg\mathbf{N}(p \vee q) \rightarrow \neg(\mathbf{N}p \vee \mathbf{N}q)$ — Kontraposition
3. $\mathbf{M}(\neg(p \vee q)) \rightarrow \neg\mathbf{N}p \wedge \neg\mathbf{N}q$ — De Morgan
4. $\mathbf{M}(\neg p \wedge \neg q) \rightarrow \mathbf{M}(\neg p) \wedge \mathbf{M}(\neg q)$ — De Morgan
5. $\mathbf{M}(a \wedge b) \rightarrow \mathbf{M}a \wedge \mathbf{M}b$ — Subst. $\neg p \mid a,\ \neg q \mid b$

39.)
1. $\mathbf{N}p \wedge \mathbf{M}q \rightarrow \mathbf{M}(p \wedge q)$ — T10)
2. $\neg\mathbf{M}(p \wedge q) \rightarrow \neg(\mathbf{N}p \wedge \mathbf{M}q)$ — Kontraposition
3. $\mathbf{N}(\neg(p \wedge q)) \rightarrow \neg(\mathbf{N}p \wedge \mathbf{M}q)$ — D4)
4. $\mathbf{N}(\neg p \vee \neg q) \rightarrow \neg\mathbf{N}p \vee \neg\mathbf{M}q$ — De Morgan
5. $\mathbf{N}(\neg p \vee q) \rightarrow \neg\mathbf{N}p \vee \neg\mathbf{M}(\neg q)$ — Subst. $q \mid \neg q$
6. $\mathbf{N}(p \rightarrow q) \rightarrow (\mathbf{N}p \rightarrow \mathbf{N}q)$ — D2), D4)

41.) a)
1. $\mathbf{M}(G(e) \wedge \neg K(e))$ — Prämisse
2. $Id \rightarrow \mathbf{N}\,\forall x\,(G(x) \rightarrow K(x))$ — Prämisse

b)
3. $\neg\mathbf{N}(\neg(G(e) \wedge \neg K(e))$ — D4) aus 1.
4. $\neg\mathbf{N}(\neg G(e) \vee K(e))$ — De Morgan

5.	$\neg\mathsf{N}(G(e) \to K(e))$	D2)
6.	$\exists x\, \neg\mathsf{N}(G(x) \to K(x))$	∃E aus 2.
7.	$\neg\forall x\, \mathsf{N}(G(x) \to K(x))$	aus 6.
8.	$\neg\forall x\, \mathsf{N}(G(x) \to K(x)) \to \neg\mathsf{N}\, \forall x\, (G(x) \to K(x))$	T31)
9.	$\neg\mathsf{N}\, \forall x\, (G(x) \to K(x))$	MP aus 7. und 8.
10.	$\neg Id$	MT aus 2. und 9.

42.)

1.	$p_0 \wedge G \to p$	Prämisse
2.	$\mathsf{N}p_0$	Prämisse
3.	$\mathsf{N}G$	Prämisse
4.	$p_0 \to (G \to p)$	Exportationsgesetz aus 1.
5.	$\mathsf{N}(p_0 \to (G \to p))$	R3) aus 4.
6.	$\mathsf{N}p_0 \to \mathsf{N}(G \to p)$	A5) aus 5.
7.	$\mathsf{N}(G \to p)$	MP aus 3. und 6.
8.	$\mathsf{N}G \to \mathsf{N}p$	A5) aus 7.
9.	$\mathsf{N}p$	MP aus 3. und 8.

43.) a) $\neg\mathsf{P}(a) \to \mathsf{F}(a)$ b) $\neg\mathsf{P}(a) \to \neg\mathsf{M}(a)$

c) (1) $\forall x\, \mathsf{O}(H(x))$ (2) $\mathsf{O}(\forall x\, H(x))$

Nach Kutschera (1973, S. 43) sind beide Sätze äquivalent.

44.) a)

1.	$\mathsf{O}(a)$	Prämisse
2.	$\mathsf{O}(b)$	Prämisse
3.	$\neg\mathsf{M}(a \wedge b)$	Prämisse
4.	$\mathsf{O}(a) \wedge \mathsf{O}(b)$	KE aus 1. und 2.
5.	$\mathsf{O}(a) \wedge \mathsf{O}(b) \to \mathsf{O}(a \wedge b)$	T2b)
6.	$\mathsf{O}(a \wedge b)$	MP aus 4. und 5.
7.	$\mathsf{O}(a \wedge b) \to \mathsf{M}(a \wedge b)$	(A)
8.	$\neg\mathsf{O}(a \wedge b)$	MT aus 3. und 7.
9.	$\mathsf{O}(a \wedge b) \wedge \neg\mathsf{O}(a \wedge b)$	KE aus 6. und 8.

b)

4.	$(a \wedge b) \to \mathsf{M}(a \wedge b)$	(C)
5.	$\neg(a \wedge b)$	MT aus 3. und 4.
6.	$a \to \neg b$	äquivalent zu 5.
7.	$\mathsf{O}(a) \wedge (a \to \neg b) \to \mathsf{O}(\neg b)$	(B)
8.	$\mathsf{O}(\neg b)$	MP aus 1., 6. und 7.
9.	$\mathsf{O}(b) \wedge \mathsf{O}(\neg b)$	KE aus 2. und 8.

45.) a)	1.	$O(p)$	
	2.	$O(p \to q)$	
	3.	$\neg p \to O(\neg q)$	
	4.	$\neg p$	
b)	5.	$O(\neg q)$	MP aus 3. und 4.
	6.	$O(p) \to O(q)$	R1) aus 2.
	7.	$O(q)$	MP aus 1. und 6.
	8.	$O(q) \wedge O(\neg q)$	KE aus 5. und 7.

46.) a)	1.	$G(p \to q) \to (Gp \to Gq)$	A1)
	2.	$G(\neg q \to \neg p) \to (G(\neg q) \to G(\neg p))$	Subst. $p \mid \neg q$, $q \mid \neg p$
	3.	$G(p \to q) \to (\neg G(\neg p) \to \neg G(\neg q))$	Kontrapos. aus 2.
	4.	$G(p \to q) \to (Fp \to Fq)$	D1) aus 3.

48.) b)	1.	$PFp \to Mp$	Zukunftslinearität
	2.	$p \to PFp$	kein Anfang
	3.	$\neg M(\neg p) \to \neg PF(\neg p)$	aus 1.
	4.	$Np \to HGp$	aus 3.
	5.	$\neg PF(\neg p) \to p$	aus 2.
	6.	$HGp \to p$	aus 5.
	7.	$Np \to p$	HS aus 4. und 6.

13. Literatur

1. *Verzeichnis der im Text zitierten philosophischen Werke*

Aristoteles: Kategorien, Lehre vom Satz (De Interpretatione), Hamburg: Meiner 1974

Aristoteles: Metaphysik, Stuttgart: Reclam 1984

Austin, J.L.: Zur Theorie der Sprechakte, Stuttgart: Reclam 1972

Ayer, A.J.: Sprache, Wahrheit und Logik, Stuttgart: Reclam 1970

Borges, J.L.: Fiktionen, Frankfurt a.M.: Fischer 1994

Duhem, P.: Ziel und Struktur der physikalischen Theorien, Hamburg: Meiner 1978

Dummett, M.: Wahrheit, Stuttgart: Reclam 1982

Frege, G.: Funktion, Begriff, Bedeutung, Göttingen: Vandenhoeck und Ruprecht 1980 (5.Aufl.)

Habermas, J. / Luhmann, N.: Theorie der Gesellschaft oder Sozialtechnologie, Frankfurt a.M.: Suhrkamp 1982

Hume, D.: Eine Untersuchung über den menschlichen Verstand, Stuttgart: Reclam 1982

Inwagen, P.: An Essay on Free Will, Oxford: Clarendon Press 1983

James, W.: Der Wahrheitsbegriff des Pragmatismus, in: Texte der Philosophie des Pragmatismus (Hrsg. E. Martens), Stuttgart: Reclam 1975

Kant, I.: Werke in zehn Bänden (Hrsg. W. Weischedel), Darmstadt: Wiss. Buchgesellschaft 1983

Kripke, S.: Name und Notwendigkeit, Frankfurt a.M.: Suhrkamp 1993

Lipps, Th.: Grundzüge der Logik, Hamburg - Leipzig: Voss 1893

Lotze, R. H.: Logik, 3 Bände, Hamburg: Meiner 1989

Neurath, O.: Gesammelte philosophische und methodologische Schriften, Band 2, Wien: HPT 1981

Peirce, Ch. S.: Die Festigung der Überzeugung (Hrsg. E. Walther), Frankfurt a.M. - Berlin: Ullstein 1985

Popper, K.: Logik der Forschung, Tübingen: Mohr 1976 (6.Aufl.)

Quine, W.v.O.: Von einem logischen Standpunkt, Frankfurt a.M. - Berlin: Ullstein 1979

Schopenhauer, A.: Theorie des gesamten Vorstellens, Denkens und Erkennens, München: Piper 1986

Schopenhauer, A.: Die Welt als Wille und Vorstellung, 2 Bände, Frankfurt a.M.: Suhrkamp 1986

Taylor, Richard: Fatalism, Philosophical Review 71 (1962) 56–66

Wittgenstein, L.: Tractatus logico-philosophicus, Philosophische Untersuchungen (Werkausgabe, Band 1), Frankfurt a.M.: Suhrkamp 1984

Wittgenstein, L.: Bemerkungen über logische Form, in: Vortrag über Ethik (Hrsg. J. Schulte), Frankfurt a.M.: Suhrkamp 1991

2. *Philosophisch orientierte Einführungen in die Logik*

Detel, W.: Grundkurs Philosophie, Bd. 1: Logik, Stuttgart: Reclam 2007

Drösser, Chr.: Der Logik-Verführer, Reinbek: Rowohlt Taschenbuch Verlag 2012

Kamlah, W. / Lorenzen, P.: Logische Propädeutik, Mannheim: Bibliograph. Institut 1973 (2.Aufl.)

Seiffert, H.: Einführung in die Logik, München: Beck 1973

Tugendhat, E. / Wolf, U.: Logisch-semantische Propädeutik, Stuttgart: Reclam 1983

3. *Lehrbücher der Logik* (*Einführungen*)

Bucher, Th.: Einführung in die angewandte Logik, Berlin - New York: de Gruyter 1987

Copi, I.: Einführung in die Logik, München: Fink 1998

Essler, W. / Martinez Cruzado, R.: Grundzüge der Logik, Band 1, Frankfurt a.M.: Klostermann 1983

Hardy, J. / Schamberger, Ch.: Logik der Philosophie, Göttingen: V&R unipress 2012

Rosenkranz, S.: Einführung in die Logik, Stuttgart: Metzler 2006

Savigny, E.: Grundkurs im logischen Schließen, Göttingen: Vandenhoeck und Ruprecht 1984 (2.Aufl.)

van Riel, R. / Vosgerau, G.: Aussagen- und Prädikatenlogik. Eine Einführung, Stuttgart: Metzler 2018

Winter, R.: Grundlagen der formalen Logik, Thun - Frankfurt a.M.: Harri Deutsch 1996

4. *Modallogik*

Girle, R.: Modal Logics and Philosophy, Acumen Press 2000
Hartmann, N.: Möglichkeit und Wirklichkeit, Meisenheim 1949
Hughes, G.E. / Cresswell, M.J.: A New Introduction to Modal Logic, London - New York: Routledge 1996
Kreiser, L. / Gottwald, S. / Stelzner, W.: Nichtklassische Logik, Berlin: Akademie-Verlag 1988
Lewis, D.: On the Plurality of Worlds, Oxford: Blackwell 1986

5. *Deontische Logik*

Berkemann, J.: Zum Problem der Widerspruchsfreiheit in der deontischen Logik, in: Lenk (1974), S. 166–197
Freundlich, R.: Zur Begründung einer formalen Normenlogik, in: Krawietz (1984), S. 373–382
Krawietz, W. et al. (Hrsg.): Theorie der Normen, Berlin: Duncker & Humblot 1984
Kutschera, F.: Einführung in die Logik der Normen, Werte und Entscheidungen, Freiburg - München: Alber 1973
Lenk, H. (Hrsg.): Normenlogik, Pullach: Verlag Dokumentation 1974
Lenk, H.: Zur logischen Symbolisierung bedingter Normsätze, in: Lenk (1974), S. 112–136
Morscher, E.: Normenlogik, Paderborn: Mentis 2012
Navarro, P. / Rodriguez, J.: Deontic Logic and Legal Systems, New York - Cambridge: Cambridge University Press 2014
Stranzinger, R.: Die Paradoxa der deontischen Logik, in: Tammelo / Schreiner Grundzüge und Grundverfahren der Rechtslogik, Bd. 2, München: Verlag Dokumentation 1977, S. 142–159
Weinberger, O.: Recht und Logik, in: D. Grimm (Hrsg.): Rechtswissenschaft und Nachbarwissenschaften, Bd. 2, München: Beck 1976, S. 80–104
Wright, G.H.v.: Bedingungsnormen - ein Prüfstein für die Normenlogik, in: Krawietz (1984), S. 447–456
Zoglauer, Th.: Normenkonflikte - Zur Logik und Rationalität ethischen Argumentierens, Stuttgart - Bad Cannstatt: Frommann-Holzboog-Verlag 1998

6. *Temporale Logik*

Gabbay, D. / Hodkinson, I. / Reynolds, M.: Temporal Logic, Vol. 1, Oxford: Clarendon Press 1994
Kienzle, B. (Hrsg.): Zustand und Ereignis, Frankfurt a.M.: Suhrkamp 1994
Kornwachs, K.: Logik der Zeit - Zeit der Logik, Münster: Lit 2001
Øhrstrøm, P. / Hasle, P.: Temporal Logic. From Ancient Ideas to Artificial Intelligence, Dordrecht: Kluwer 1995
Prior, A.: Past, Present and Future, Oxford: Clarendon Press 1978
Prior, A.: Papers on Time and Tense, Oxford University Press 2003

7. *Weiterführende Literatur*

Bauer, F. / Wirsing, M.: Elementare Aussagenlogik, Berlin - Heidelberg - New York: Springer 1991
Bergmann, M.: An Introduction to Many-Valued and Fuzzy Logic, Cambridge: Cambridge University Press 2008
Burgess, J.: Philosophical Logic, Princeton - Oxford: Princeton University Press 2009
Kleinknecht, R. / Wüst, E.: Lehrbuch der elementaren Logik, 2 Bände, München: dtv 1976
Klimczak, P. / Zoglauer, Th.: Logik in den Wissenschaften, Münster: Mentis 2017
Kutschera, F. / Breitkopf, A.: Einführung in die moderne Logik, Freiburg - München: Alber 1992 (6.Aufl.)
Mates, B.: Elementare Logik, Göttingen: Vandenhoeck & Ruprecht 1969
Nagel, E. / Newman, J.: Der Gödelsche Beweis, München: Oldenbourg 1984
Schenke, M.: Logikkalküle in der Informatik, Wiesbaden: Springer Vieweg 2013
Stegmüller, W. / Varga von Kibed, M.: Probleme und Resultate der Wissenschaftstheorie und Analytischen Philosophie, Band III: Strukturtypen der Logik, Berlin: Springer 1984

WIDERSETZLICHE STIMMEN IM BREITEN STROM DES MEHRHEITSDENKENS

Jost Hermand

Oasen der Utopie

Schriften deutscher Vordenker und Vordenkerinnen

2021. 212 Seiten mit 31 s/w- und farb. Abb., gebunden
€ 35,00 D | € 36,00 A
ISBN 978-3-412-52141-7

E-Book € 27,99 D | € 28,80 A

Lediglich zu nörgeln, bleibt gesellschaftspolitisch meist unverbindlich. Nur wenn in einer widersetzlichen Haltung zugleich ein sinnvoller Vorschein auf bessere staatliche und sozioökonomische Zustände aufleuchtet, erweist sich Kritik als wahrhaft verantwortungsbewusst. Dafür sprechen im Verlauf der deutschen Geschichte vom späten 18. Jahrhundert bis zur Gegenwart unter anderem jene in diesem Buch miniaturhaft vorgestellten 18 Zukunftsentwürfe, die sich unter jakobinischer, nationaldemokratischer, sozialistischer, zionistischer, linksliberaler, feministischer oder ökologiebetonter Perspektive als Oasen der Utopie verstanden. Sie sind zwar in ihren auf Veränderung drängenden Absichten größtenteils gescheitert, aber warten in mancher Hinsicht weiterhin auf Geschichte.

Vandenhoeck & Ruprecht Verlage
www.vandenhoeck-ruprecht-verlage.com

Preisstand 01.02.2021